# Einführung in die technische Strömungslehre

Von

Dr.-Ing. **Bruno Eck**

Leiter des Strömungslaboratoriums der höheren technischen Staatslehranstalten in Köln

Zweiter Band

**Strömungstechnisches Praktikum**

Mit 140 Abbildungen

Springer-Verlag Berlin Heidelberg GmbH

ISBN 978-3-662-01738-8 ISBN 978-3-662-02033-3 (eBook)
DOI 10.1007/978-3-662-02033-3


Ursprünglich erschienen bei Julius Springer in Berlin 1936
Softcover reprint of the hardcover 1st edition 1936

# Vorwort.

Einige hundert Versuche und Versuchsmöglichkeiten sollen den Leser mit der angewandten und experimentellen Strömungslehre bekannt machen. Es wurde angestrebt, für jede praktisch interessierende Gesetzmäßigkeit der Strömungslehre einen experimentellen Beleg zu bringen, um den Leser zu einer inneren Verbundenheit mit den im I. Bande vorhandenen Grundlagen der Strömungslehre gelangen zu lassen. Der bekanntlich sehr dornenvolle Weg von der theoretischen Erkenntnis zur praktischen Anwendung soll so erleichtert werden. Wenn hierzu besonders die Flugtechnik als Anwendungsbeispiel gewählt wurde, so deshalb, weil diese ein besonders dankbares Betätigungsfeld der Strömungslehre darstellt und z. Zt. im Mittelpunkt eines weiteren Interesses steht. Gleichwohl wurde das Ziel der Darstellung einer allgemeinen technischen Strömungslehre im Interesse einer möglichst breiten Basis nicht verlassen. Auch der reine Flugtechniker dürfte nur gewinnen, wenn er seinen Blick der allgemeinen Strömungslehre nicht verschließt, die ein äußerst fruchtbarer Nährboden für die Anwendungen der Flugtechnik ist und bleiben wird.

Der Stoff wurde methodisch nach den Hauptgesetzen der Strömungslehre geordnet, indem zunächst einfache Schauversuche ein Gesetz rein gefühlsmäßig verankern und anschließende Meßversuche den zahlenmäßigen Beleg geben sollen. Eine gewisse Abweichung von diesem Aufbau schien geboten, um den Leser zunächst mit den Versuchsgeräten bekannt zu machen. Die Sichtbarmachung von Strömungen wurde ebenfalls in einem einheitlichen Abschnitt behandelt, desgleichen die Versuche mit freischwebenden Bällen, da es sich hier um Versuchsreihen handelt, die in geschlossener Darstellung dem Leser einen einleitenden „Aufklärungsflug" über die gesamte Strömungslehre gestatten.

Der in sich abgeschlossene II. Band richtet sich an dieselben Kreise wie der I. Band. Der Studierende soll eine Illustration seines theoretischen Wissens erhalten, indem „verblüffend erscheinende" Versuche ihn zum Nachdenken geradezu herausfordern, der Lehrer soll bei der anschaulichen Gestaltung seines Unterrichtes unterstützt werden, während dem Ingenieur vielleicht der eine oder andere Hinweis rein versuchstechnischer Art von Nutzen sein dürfte.

Alle in diesem Bande beschriebenen Abbildungen stammen aus dem Laboratorium des Verfassers. Die Entwicklung der hier vornehmlich behandelten kleineren Geräte ging Hand in Hand mit dem Bau der größeren Einrichtungen des Strömungslaboratoriums der HTL. Der gesamte Aufbau des Laboratoriums war nur möglich dank einer großzügigen Unterstützung der Industrie des Kölner Bezirkes. Dies auch an dieser Stelle in dankbarer Anerkennung zu betonen, ist eine besonders angenehme Pflicht des Verfassers. Staatsmittel standen für den Aufbau nicht zur Verfügung.

Bei der Entwicklung der hier beschriebenen kleineren Geräte fand Verfasser größte Unterstützung durch die Firma Pet. Koch G. m. b. H. (Werkstätten für Feinmechanik, Köln-Nippes). Von dieser Firma können diese Geräte auch bezogen werden.

Um die Durchsicht bemühte sich wieder in dankenswerter Weise Herr Bibliothekar Konrad Lemper, Fulda.

Der Verlag scheute keine Mühe, für die Ausstattung, insbesondere des umfangreichen Bildmateriales, vorbildlich zu sorgen. Mit besonderer Anerkennung möchte ich dies hervorheben.

Köln, im Januar 1936. **Bruno Eck.**

# Inhaltsverzeichnis.

# I. Versuchsgeräte.

## 1. Windkanäle.

### a) Grundsätzliche Bemerkungen.

Eines der brauchbarsten Geräte für strömungstechnische Versuche ist ein Windkanal. Wie die Ausführungen dieses Buches zeigen werden, stellt bereits eine kleine Ausführung ein Tummelfeld für Versuche mannigfachster Art dar.

Um insbesondere bei Flugzeugen genaue übertragbare Messungen zu erhalten, sind allerdings Abmessungen und Ausführungen nötig, die nur wenigen Stellen zur Verfügung stehen. Selbst bei den größten Abmessungen ist es schwer, versuchstechnisch dieselben Reynoldschen Zahlen zu erzielen wie im Fluge. Die Zusammensetzung der Reynoldschen Zahl $R = \frac{w \cdot d}{\nu}$ zeigt bereits, welche Mittel zur Erreichung höherer Werte anzuwenden sind.

1. Vergrößerung der Luftgeschwindigkeit $w$. Die Grenze ist hier die Schallgeschwindigkeit. Bereits vorher machen sich störende Einflüsse bemerkbar, so daß man in respektvoller Entfernung von dieser Grenze bleiben wird. Die größten Geschwindigkeiten, die man bisher in großen Windkanälen verwirklicht hat, sind ca. 90 m/sec (bei größeren Geschwindigkeiten machen sich bereits weit vor der Schallgeschwindigkeit die Dichteänderungen der Luft störend bemerkbar).

2. Vergrößerung der Abmessungen d. h. $d$. Neuerdings beschreitet man diesen Weg immer mehr. In Amerika besteht bereits ein Windkanal, der Flugzeuge natürlicher Größe aufnehmen kann. Der Strahl besitzt elliptischen Querschnitt (18 × 9 m). Die Höchstgeschwindigkeit ist ∼50 m/sec, ca. 8000 PS werden als Antriebsleistung benötigt. (Der neue Windkanal der deutschen Versuchsanstalt für Luftfahrt besitzt eine Düse von 5 × 7 m und erreicht eine Geschwindigkeit von 65 m/sec.)

3. Verkleinerung der kinematischen Zähigkeit $\nu$. Erreicht wird dies dadurch, daß z. B. bei Luft die Dichte vergrößert wird. Arbeitet man mit komprimierter Luft, so läßt sich $\nu$ tatsächlich in weiten Grenzen ändern. Dieser Gedanke wird verwirklicht durch sog. Überdruckwindkanäle. Von Munk[1] stammt die erste Konstruktion dieser Art. In einem

[1] Munk, Miller: The Variable Density Wind Tunnel of the National Advisory Committee for Aeronautics. Rep. 287 and 228 of the N. A. C. A. Washington 1925.

geschlossenen Stahlkessel wird hochverdichtete Luft (20 at) umgeführt. Die Reynoldsche Zahl steigt hierdurch auf das zwanzigfache.

### b) Bauart der Windkanäle.

Bei der Frage nach den Konstruktionsmöglichkeiten für Windkanäle wird man sofort neugierig sein, ob durch die Bauart der Kraftbedarf bei sonst gleicher Luftleistung wesentlich beeinflußt werden kann. Dies ist tatsächlich der Fall. Verschiedene Konstruktionsmöglichkeiten, die große Unterschiede im Kraftbedarf aufweisen, sollen kurz zusammengestellt werden.

**α) Die Venturidüse als Windkanal.** Der Windkanal besteht im großen und ganzen aus einem Venturirohr. Das Gebläse, das sich meist im Austrittsquerschnitt des Kanales befindet, saugt Luft durch die ganze Anlage (Abb. 1). Die Luft tritt durch eine Düse in einen Gleichrichter und

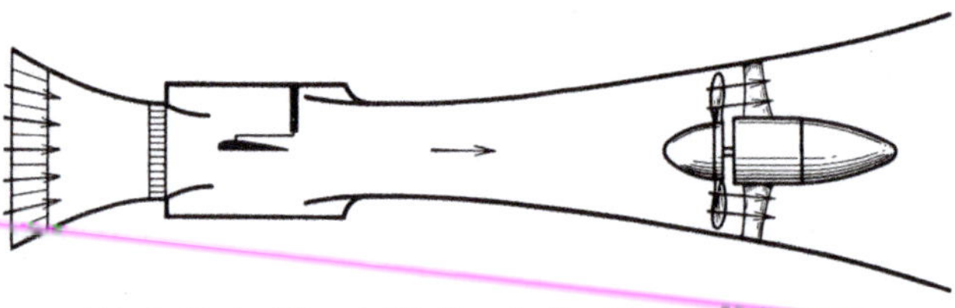

Abb. 1. Venturidüse als Windkanal. Geschlossene Meßstrecke.

von da in die parallele Versuchsstrecke, ohne vorher durch ein Gebläse Störungen erhalten zu haben. Die langsame Erweiterung hinter der Meßstrecke gestattet, den größten Teil der kinetischen Energie wieder in Druck umzusetzen. Da der Vergrößerung des Austrittsquerschnittes theoretisch keine Grenzen gesetzt sind, kann die Austrittsenergie beliebig klein gehalten werden. Der Nachteil der geschlossenen Meßstrecke ist bei ganz großen Ausführungen nicht mehr so hinderlich, weil ihm mittels Türen und Schleusen beizukommen ist. Diese Bauart ist die günstigste, die überhaupt möglich ist. Die Antriebsleistung ist nur ca. $\frac{1}{6} \div \frac{1}{4}$ der im Meßstrahl vorhandenen kinetischen Energie der Luft.

**β) Göttinger Bauart**[1]. Die Zugänglichkeit der Meßstrecke ist in den meisten Fällen so wesentlich, daß man bei mittleren Ausführungen dafür gerne einen etwas größeren Kraftbedarf in Kauf nimmt. Im geschlossenen Kreislauf wird die Luft von der Düse (Abb. 2)[2] in die freie Meßstrecke,

[1] Ein von Prandtl stammender kurzer Überblick über größere Windkanäle befindet sich in „Handbuch der Experimentalphysik"; Wien-Harms. IV; 2. Teil. S. 65.

[2] Abb. 2 zeigt schematisch den Kölner Windkanal. Im Gegensatz zu der Göttinger Ausführung erfolgt der Antrieb durch ein Schrägschaufelgebläse. Gegenüber dem Propellerantrieb ergibt sich hier eine verwickeltere Bauart. Der Vorteil liegt in dem besseren Wirkungsgrad und dem geringeren Geräusch. Besonders dieser

dann in die Auffangdüse und zum Gebläse geleitet. Hinter dem Gebläse durchläuft die Luft verschiedene rechtwinkelige Umführungen und kommt schließlich in die Düsenvorkammer, die meist mit dem Gleichrichter beginnt. Der Sinn der Umführung ist der, daß die kinetische Energie, die die Luft nach Verlassen der Meßstrecke noch besitzt, in der langsam erweiterten Düse wieder in Druck umgesetzt wird, so daß der Überdruck, der vor dem Gebläse vorhanden ist, den Gewinn gegenüber freiem Ausblasen darstellt. Beim Kölner Windkanal z. B. beträgt dieser Druck ca. die Hälfte des gesamten Staudruckes in der Meßstrecke, so daß die Hälfte der Antriebsleistung gespart wird. Eine bessere Vorstellung vermitteln noch folgende Zahlen. Die Antriebsleistung beträgt 15KW; ohne Rückführung der Luft, beim freien Ausblasen würde dieselbe 30KW betragen.

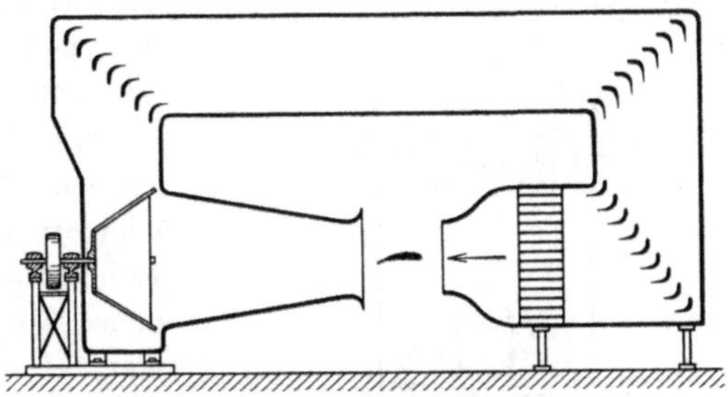

Abb. 2. Kölner Windkanal 0,7m Strahldurchmesser. 40m/sec Windgeschwindigkeit.

*γ*) **Offen ausblasende Windkanäle.** Bei kleineren Ausführungen ist schließlich die Rückführung der Luft nicht mehr lohnend, da meist die Antriebsleistung absolut genommen sehr klein wird, und andererseits die Umführung diese Geräte ganz erheblich verteuern und unpraktisch machen würde. Die gesamte Luftleistung muß hier dauernd neu erzeugt werden und geht verloren.

Im folgenden wird hauptsächlich mit diesen Geräten gearbeitet werden. Einfachheit und Handlichkeit sind hier geradezu Forderungen, hinter denen der Kraftbedarf ganz zurücktritt.

Auf Bauart und Eigenart der letzten Geräte soll hier etwas näher eingegangen werden. Welche Anforderungen müssen billigerweise an solche Kanäle gestellt werden?

1. Der Luftstrom soll möglichst drallfrei sein.

2. Die Geschwindigkeitsverteilung soll möglichst gleichförmig sein.

Die erste Anforderung wird durch einen Gleichrichter erreicht. Möglichst an der Stelle, wo die kleinste Geschwindigkeit herrscht, wird durch weitgehende Unterteilung des Querschnittes in viele kleine Kanäle das „Eigenleben" des Gesamtstrahles verhindert und die Umfangsgeschwin-

letzte Gesichtspunkt war bei der Kölner Ausführung ausschlaggebend. Bei ganz großen Windkanälen ist der bauliche Mehraufwand, der sich bei dieser Bauart ergibt, kaum mehr tragbar.

digkeit des Strahles einfach durch Stoß vernichtet. (Die Umfangskomponenten entstehen durch den Gebläseläufer.) Ob die kleinen Kanäle viereckig, rund, sechseckig usw. sind, ist bei kleineren Windkanälen eine Material- und Herstellungsfrage, während bei großen Ausführungen der sechseckigen Form der Vorzug zu geben sein dürfte. Wesentlich ist, daß das Verhältnis von Länge und Tiefe möglichst groß ist (z.B. 4 ÷ 6). Ein gut wirkender Gleichrichter gehört mit zu den wichtigsten Bestandteilen des ganzen Windkanales.

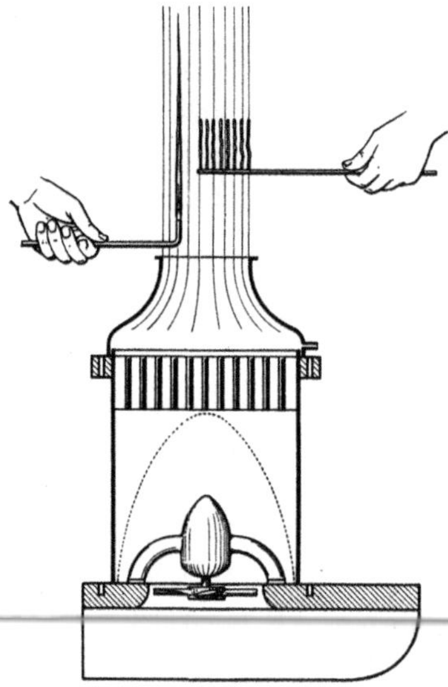

Abb. 3. Kleiner Windkanal. 300 ∅ Gehäusedurchmesser. 140 ∅ Düsendurchmesser. Windgeschwindigkeit 13 m/sec $n$ = 8500 Umdr./min Gesamtgewicht 11 kg.

Abb. 3 zeigt den Querschnitt eines kleinen Windkanals, bei dem der Gleichrichter aus zusammengesetzten Rohren besteht. Als neues zusätzliches Mittel zur Gleichrichtung ist hier ein Stoffsack eingebaut (in Abb. 3 punktiert eingezeichnet), durch den gleichzeitig erreicht wird, daß der kleinere Luftstrahl des Schraubengebläses sofort auf den größeren Gehäusedurchmesser stetig erweitert wird. Die Wirkung dieses Stoffilters besteht darin, daß die Geschwindigkeitsenergie der aus dem Gebläse austretenden Luft fast vollkommen vernichtet wird, somit auch die störenden Umfangskomponenten. Die Durchtrittsgeschwindigkeit durch das Filter wird „statisch" neu erzeugt. Durch kleinere Öffnungen bes. in der Mitte des Stoffsackes gelingt es leicht, die Geschwindigkeitsverteilung in dem austretenden Luftstrahl beliebig zu gestalten.

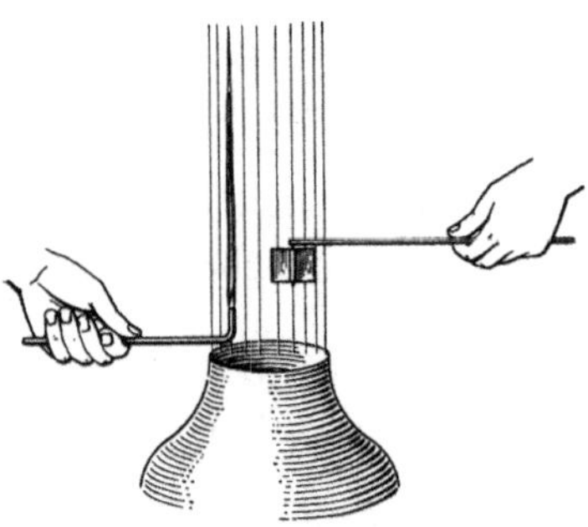

Abb. 4. Prüfung der Drallfreiheit eines Luftstrahles mittels Drallprüfer und Flammensonde.

Bei großem Reaktionsgrad der Schraube, d.h. bei großer Schnelläufigkeit, ist der durch diese Drosselung eintretende Verlust tragbar. Das Filter dürfte das einfachste und billigste Mittel sein, um einen drallfreien gleichmäßigen Luftstrom zu erhalten, wenn man gewisse Verluste in Kauf nehmen kann (s. auch S. 20, wo eine ähnliche Vorrichtung beim Wasserkanal verwendet wird).

Die Prüfung der Drallfreiheit geschieht nach Abb. 3 durch eine Flammensonde, einen Fadenkamm oder aber durch einen Drallprüfer (Abb. 4), der aus einem in der Mitte drehbar gelagerten rechteckigen Blech besteht. Dieses Instrument zeigt selbst kleinste Drehungen des Luftstrahls noch an. Auch Fäden usw. können hierfür verwendet werden, doch besitzen derartige Methoden bei weitem nicht die Empfindlichkeit wie ein Drallprüfer.

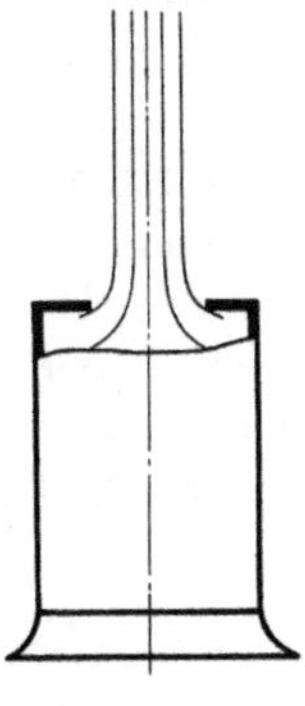

Abb. 5. Windkanaldüse behelfsmäßig durch Staurand ersetzt.

Die zweite Forderung „gleichmäßige Geschwindigkeitsverteilung" wird am leichtesten durch starke Beschleunigung erreicht. Es sei auf I, S. 73 verwiesen, wo diese sehr oft verwertbare Eigenschaft einer beschleunigten Strömung erläutert wurde. Da die Beschleunigung am besten durch eine stetig erweiterte Düse erfolgt, besitzt jeder Windkanal ein solches Element. Behelfsmäßig kann die immerhin teure Düse durch einen Staurand nach Abb. 5 ersetzt werden. Man muß jedoch wissen, daß der parallele Strahl nach I, S. 125 erst in einer gewissen Entfernung von der Öffnung vorhanden ist, und kleineren Durchmesser wie die Öffnung hat. Da bei einfachen Versuchen, insbesondere Schauversuchen, die Anschaffung mehrerer Düsen nicht immer lohnt, kann evtl. dieser Ausweg empfohlen werden. Auch ist es mit diesen Mitteln möglich, einen billigen ovalen Strahlquerschnitt zu schaffen, der bei Untersuchung von Tragflügeln einige Vorteile gegenüber der runden Düse besitzt.

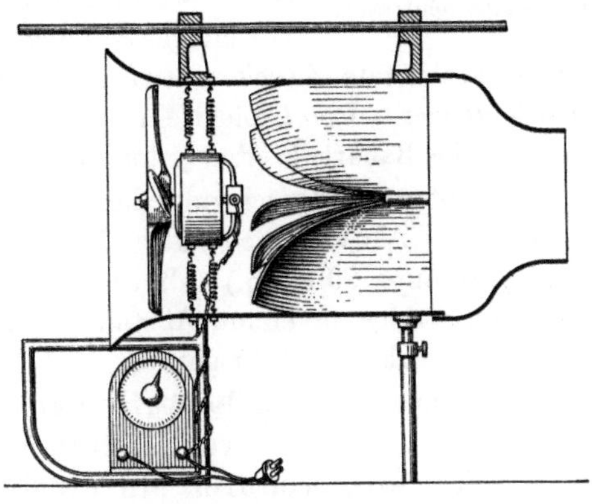

Abb. 6. Universalwindkanal 120 mm Düsendurchmesser 16 m/sec Windgeschwindigkeit. Gesamtgewicht 7 kg. $n$ = 5200 Umdr./min.

Der nicht verengte Strahl eines kleinen Windkanals hat meist eine größere Geschwindigkeitsschwankung[1] und wird in den seltensten Fällen zu genauen quantitativen Messungen verwertet werden können. Dies schließt natürlich nicht aus, daß man bei gleicher Drehzahl des Gebläses Vergleichsversuche anstellen kann, die insbesondere für Demonstrationszwecke sehr wertvoll

[1] Will man einige Verluste in Kauf nehmen, so kann man durch Siebe, Filter selbstverständlich auch diesen Luftstrahl beliebig vergleichmäßigen.

sind. Deshalb sind bei allen hier beschriebenen Ausführungen die Düsen abnehmbar.

Eine neuere Ausführung zeigt Abb. 6 im Schnitt. Die äußere Ansicht ist aus Abb. 74 u. Abb. 77 zu erkennen. Die Ausführung wurde hauptsächlich durchgeführt, um bei gleichzeitiger Erhöhung der Reynoldschen Zahl Abmessungen und Gewicht im Interesse der Handlichkeit noch weiter zu vermindern. Des weiteren wurde angestrebt, die bei Vorführungen äußerst lästigen Geräusche zu vermeiden. Die oben angegebene Ausfuhrmöglichkeit des Gleichrichters wurde dabei verlassen und ein Gleichrichter mit Leitapparat entworfen. Der Zweck dieser Anordnung ist der, daß die sonst durch Stoß vernichtete Drallkomponente nutzbar verwertet und hierdurch indirekt die Umfangsgeschwindigkeit des Gebläseläufers verringert wird. Der Gleichrichter besteht aus strahlenförmig nach außen gehenden Blechen, die hinten so umgebogen sind, daß die Luft ohne Stoß in die nunmehr dreieckigen Leitkanäle geleitet wird.

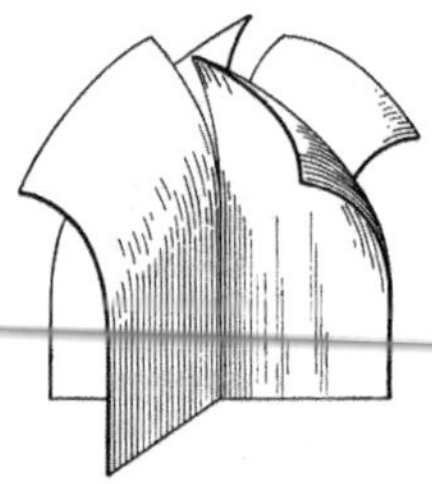

Abb. 7. Wirbelerzeuger zur Erhöhung des Wärmeüberganges in Heizrohrkesseln.

Der Vorteil dieses strahlenförmigen Gleichrichters ist auch noch darin zu sehen, daß dort, wo die Drallkomponenten am größten sind, d. h. in der Mitte, die Teilung am engsten ist und nach außen abnimmt, entsprechend der kleineren Umfangskomponente nach dem Drallsatz. Dieser Gleichrichter wurde, in umgekehrter Richtung arbeitend, vor einiger Zeit vom Verfasser als Wirbelerzeuger für bestimmte Zwecke entworfen[1]. Abb. 7 zeigt einen derartigen Wirbelerzeuger. Der Gleichrichter des Windkanals nach Abb. 6 hat eine ähnliche Bauart, besitzt jedoch bedeutend mehr Schaufeln.

Bei größter Windgeschwindigkeit beträgt das Geräusch nur ca. 60 bis 70 Phon. (Als Vergleich diene: Unterhaltungssprache 58÷60 Phon; elektr. Autohupe 90 Phon.) Abb. 10 zeigt die Geschwindigkeitsverteilung des Strahles in einem Abstand von 45 mm von der Düse. Die Ungleichförmigkeit ist sehr gering.

Eine Besonderheit ist die Aufhängung des Motors an Spiralfedern. Motor mit Schraube stellen sich beim Betrieb in die freie Achse ein, wodurch ein erschütterungsfreier Lauf erzielt wird. Einzelne Versuche zeigten, daß selbst ein Anlaufen des Läufers am Gehäuse (durch enges Spiel künstlich erzwungen) in den seltensten Fällen zur Zerstörung des Läufers führt, während bei fester Montage des Motors ein Anlaufen des Propellers zu gefährlichen Explosionen des Läufers führt. Die kritische Drehzahl der Gesamtordnung

---

[1] Eck: Einbau von Wirbelerzeugern zur Erhöhung des Wärmeüberganges. Archiv für Wärmewirtschaft und Dampfkesselwesen 1934, 4, S. 101.

ist so niedrig gewählt, daß bereits bei den kleinsten Windgeschwindigkeiten, die bei Versuchen verwendet werden, überkritisches Arbeiten vorhanden ist.

Außer den Konstruktionen von Abb. 3 u. 6 sind noch zwei weitere Ausführungen entwickelt worden. Abb. 8 zeigt einen Windkanal von einem Düsendurchmesser von 300 mm bei einem Gehäusedurchmesser von 500 mm. Die Geschwindigkeit beträgt $\sim$ 20 m/sec. Dieser Windkanal, der die gleichen Bauelemente wie Abb. 6 aufweist, ist ebenso wie andere hier beschriebene Ausführungen schwenkbar und in jeder Stellung zwischen 0 und 90° verwendbar. Sowohl die senkrechte Stellung wie auch

Abb. 8. Windkanal 300 mm Strahldurchmesser. 500 mm Gehäusedurchmesser. Windgeschwindigkeit $\sim$ 20 m/sec. $n$ = 3000 Umdr./min.

die Schwenkbarkeit eines freiausblasenden Windkanales[1], erstmalig vom Verfasser ausgeführt, ermöglichen erst eine Reihe neuer in diesem Bande beschriebener Versuche.

Besonders vorteilhaft wirkt sich bei Abb. 8 die Schwenkbarkeit aus. Stellt man den Kanal senkrecht auf den Fußboden, so hat der Düsenstrahl gerade Tischhöhe und beansprucht nur einen Platzbedarf von 500 × 800 mm. Der Motor hat wiederum federnde Aufhängung mit einer gewissen Abänderung, die mit Rücksicht auf die großen Gewichte notwendig ist.

Zur Messung der Geschwindigkeit im Düsenstrahl befindet sich eine Druckmeßstelle in der Düsenvorkammer. Diese Geschwindigkeitsermittlung ergibt einen guten Mittelwert und wird auch bei großen Windkanälen

[1] DRP. 618 471.

verwendet. Nach I. S. 125 erhält man

$$w = \frac{1}{\sqrt{1 - \left(\frac{F_2}{F_1}\right)^2}} = \sqrt{2g\frac{\Delta p}{\gamma}}$$

wo $F_2$ den Querschnitt der Vorkammer und $F_1$ den Düsenquerschnitt darstellt. Für den Universalwindkanal ergibt sich beispielsweise $w = 1{,}047 \cdot 4 \cdot \sqrt{\Delta p^{\text{mm WS}}}$.

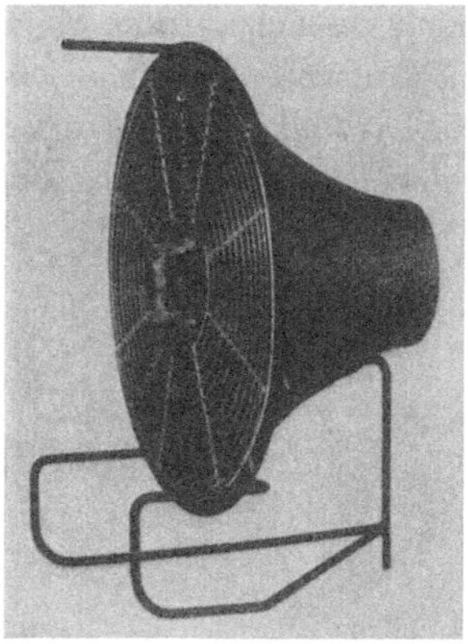

Abb. 9. Kleinstwindkanal. 120 mm Düsendurchmesser. 12 m/sec Windgeschwindigkeit. Gewicht 3 kg.

Ein ganz einfaches Gerät zeigt noch Abb. 9. Der ganze Windkanal besteht nur aus einer Düse. Der wieder als Leitapparat ausgebildete Gleichrichter ist hier bis beinahe an die Öffnung herausgezogen. Immerhin erreicht dieser Windkanal bei einem Düsendurchmesser von 120 mm noch eine Geschwindigkeit von 12 m/sec bei guter Drallfreiheit und nur ca. 5% Ungleichmäßigkeit des Luftstroms. Dieser Windkanal arbeitet fast geräuschlos. Fast alle in diesem Leitfaden beschriebenen Schauversuche sowie ein großer Teil von Messungen können mit dem Gerät bereits ausgeführt werden.

**δ) Eigenschaften des Freistrahles.** Will man Fehlmessungen und Irrtümer beim Experimentieren mit kleinen Windkanälen vermeiden, so muß man einigermaßen mit der Struktur des Freistrahles Bescheid wissen. Messungen am Windkanal (Abb. 6) sollen uns hierüber Aufschluß geben.

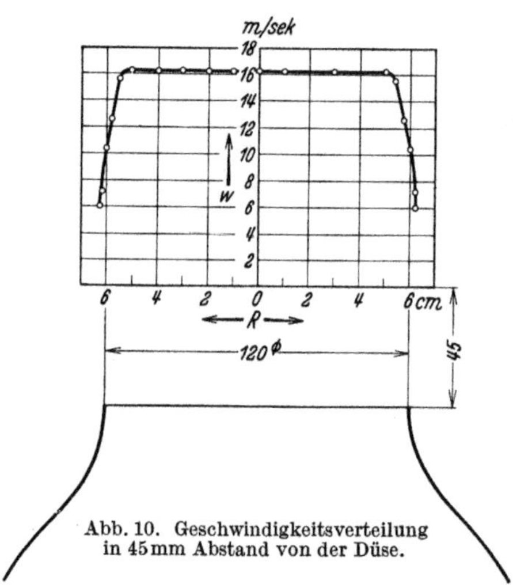


Abb. 10. Geschwindigkeitsverteilung in 45 mm Abstand von der Düse.

Abb. 10 zeigt die Geschwindigkeitsverteilung in einem Abstand von 45 mm vor der Düse. Bis auf eine Randschicht von 5 ÷ 6 mm ist eine vollkommen gleiche Geschwindigkeit vorhanden. Eine Ungleichförmigkeit ist kaum feststellbar. Je weiter man sich von der Düse entfernt, um so mehr dringt die Randschicht nach innen vor. Gleichzeitig erweitert sich der Strahl nach außen, da immer mehr ruhende Luftteilchen vom Strahl mitgerissen werden. Abb. 11 zeigt die Geschwindigkeitsprofile an drei verschiedenen Stellen. Man erkennt, daß die Störung nach außen und innen durch Kegelmäntel vom Winkel $\alpha$ begrenzt ist.

Es ist eine der schönsten Ergebnisse der theoretischen Turbulenzforschung, daß es gelungen ist, den Winkel $\alpha$ zu berechnen. Der Wert $\mathrm{tg}\,\alpha = 0{,}12$ I S. 72 stimmt auch mit unseren Messungen überein.

Nur der „gesunde Strahl" mit konstanter Geschwindigkeit kann für Messungen verwendet werden. Stellt man z.B. einen Widerstandskörper 100 mm vor die Windkanaldüse, so kann seine seitliche Ausdehnung nur $120 - 2 \cdot 0{,}12 \cdot 100 = 96$ mm sein. Selbst diese Abmessungen müssen meist noch aus später erwähnten Gründen S. 65 unterschritten werden.

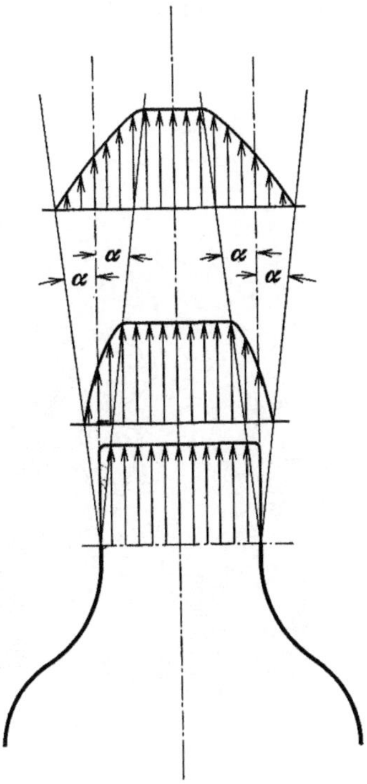

Abb. 11. Geschwindigkeitsverteilung im Freistrahl des Universalwindkanals. Darstellung der turbulenten Vermischung.

Der Hauptvorteil des größeren Windkanales (300 mm Düsendurchmesser) besteht darin, daß man bei größeren Modellen nicht so schnell an der hier gekennzeichneten Grenze ist.

Man kann noch fragen, welche Geschwindigkeit notwendig ist, um gute Messungen ausführen zu können. Da man selbst mit dem größerem Windkanal bei einer Geschwindigkeit von ca. 20 m/sec nicht den überkritischen Bereich nach I S. 87 erreicht, sollte man meinen, es genügt eine solche Geschwindigkeit, bei der man überhaupt das turbulente Gebiet erreicht.

Hierzu ist folgendes zu sagen. Einmal muß man sich in solcher Entfernung von der Grenze laminar-turbulent befinden, daß mit Sicherheit das quadratische Widerstandsgesetz bei scharfkantigen Körpern erreicht wird. Bei einer Düse von 120 ⌀ sind hierzu ca. 7 ÷ 8 m/sec Windgeschwindigkeit notwendig. Eine weitere Vergrößerung der Geschwindigkeit erscheint aus zwei Gründen wünschenswert:

1. Die bei Druckmessungen jeder Art auftretenden Drücke, die die Größenordnung des Staudruckes haben, sollen so groß sein, daß sie möglichst einfach gemessen werden können. Bei 12 m/sec entsteht ein Staudruck von ca. 10 mm WS, eine Größe, bei der man erst von guter Meßbarkeit (ohne optische Hilfsmittel oder teure Mikroinstrumente) reden kann.

2. Je kleiner die Geschwindigkeit, um so kleiner werden die zu messenden Kräfte. Große Meßgenauigkeit der Waagen ist um so billiger zu

erreichen, je größer die Kräfte absolut genommen sind. Man erkennt: bei kleineren Windgeschwindigkeiten sind empfindlichere Zubehörteile nötig.

Diese Erwägungen führten zur Konstruktion des Universalwindkanales von 120 ∅ Düsendurchmessers bei 16-17 m/sec Windgeschwindigkeit. Die untere Grenze dürfte der Kleinstwindkanal darstellen, bei dem 12 m/sec erreicht werden bei gleichem Düsendurchmesser. Bei kleineren Geschwindigkeiten werden die Windkanäle zwar billiger, doch ist der Mehraufwand der Zusatzgeräte unverhältnismäßig größer.

Abb. 12. Prüfstand zur Untersuchung von Windkanalschrauben.

**ε) Untersuchung von Windkanalschrauben.** Da das Arbeiten mit mehreren Düsendurchmessern den Verwendungsbereich eines Windkanals sehr erweitert, ist es nützlich zu wissen, wie Geschwindigkeit und Druck sich mit der Düsenöffnung ändern.

Zur Bestimmung dieser Verhältnisse, sowie zur genauen Untersuchung kleiner Windkanalschrauben überhaupt, wurde ein Prüfstand entwickelt, zumal Untersuchungen dieser Art bisher noch nicht bekannt geworden sind. Abb. 12 u. 13 zeigen diese Einrichtung. Durch eine Düse wird die Luft vom Gebläse angesaugt und in einer konischen Erweiterung einem Kessel zugeführt, der in der Mitte einen Filtergleichrichter enthält (bestehend aus einer Schicht Metallwolle, die zwischen zwei Sieben gehalten wird). Der Boden des Kessels enthält vier verschließbare VDI-Normaldüsen (Abb. 13), durch die die Luft austritt. Das Gehäuse des Antriebsmotors ist in äußeren Kugellagern drehbar gelagert, so daß das Drehmoment durch einen um das Gehäuse gelegten Faden eine Kraft auf eine in Abb. 12 erkennbare Federwaage überträgt. Die Messung der Drehzahl

Abb. 13. Luftmessung des Prüfstandes durch vier verschließbare VDI-Normaldüsen.

ist aus der Abb 12 zu erkennen. Drehmoment und Drehzahl ergeben ohne jede elektrische Messung die an die Luftschrauben abgegebene Leistung $N_{eff} = \frac{M \cdot n}{71620}$ (PS). Die tatsächliche Luftleistung $\frac{V \cdot \Delta p}{75}$ (PS) ergibt

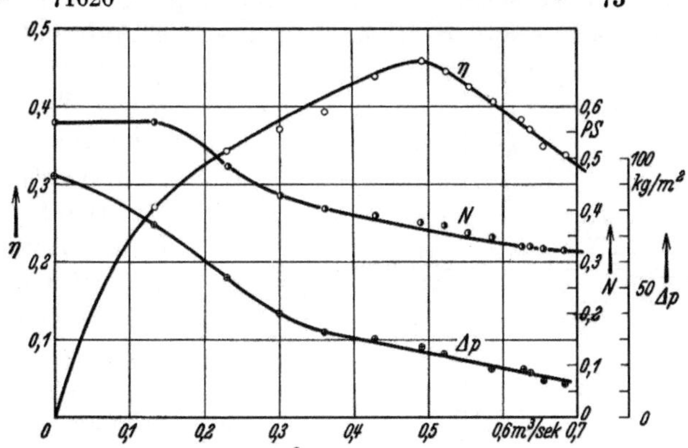


Abb. 14. Prüfungsergebnis einer Windkanalschraube. (Einbau ohne Abflußkörper hinter Motor und ohne Leitapparat.)

sich aus dem vor dem Gleichrichter gemessenen Druck $\Delta p$ (mm WS), sowie aus der sekundlichen Luftmenge $V$ m/sec, die aus dem Druck vor den Düsen bestimmt werden kann. Die Düsen haben Querschnittflächen, die sich wie 1:2:4:6 verhalten und somit wie die Gewichtsteine einer Waage vielfach zusammengestellt werden können. Es ergeben sich im ganzen 12 Möglichkeiten. In Abb. 14 sind für eine Schraube die Versuchsergebnisse zusammengestellt. In Abhängigkeit von der geförderten Luftmenge sind Druck, Antriebsleistung und Wirkungsgrad aufgetragen. Man erkennt, daß bei kleineren Luftmengen d. h. kleineren Austrittsquerschnitten der Druck erheblich steigt, gleichzeitig jedoch auch die Leistung zunimmt. Bei geschlossener Düse ist die Leistung am größten. Dies kommt daher, weil jetzt der Propeller in abgerissener Strömung arbeitet. Auch an dem verstärkten Geräusch ist dies deutlich zu erkennen. Um Überlastungen der Motoren zu vermeiden, wird man deshalb den Windkanal zweckmäßig nicht zu lange mit kleiner Düse arbeiten lassen. Die Antriebsleistung ist am geringsten bei größtem Öffnungsquerschnitt. (Bei Zentrifugalgebläsen ist das Verhalten gerade umgekehrt!)

Durch diese Angaben ist die Arbeitsweise eines Windkanals mit Schraubengebläse genügend gekennzeichnet.

Alle für die Windkanäle verwendeten Schrauben bestehen aus vierblättrigen Holzschrauben, die von Hand geschnitzt und sauberst poliert werden. Bei gegossenen Siluminläufern ist eine solche Glätte nicht erzielbar. Der Kraftbedarf dieser schnellaufenden Schrauben wächst bekanntlich sehr schnell mit der Oberflächenrauigkeit, so daß sich die Mehrkosten bei Ausführung in Holz in vielen Fällen lohnen.

## 2. Waagen.

Die zuverlässige Messung der an einem Tragflügel oder an Modellen wirkenden Kräfte erfordert schon einen gewissen Aufwand feinmechanischer Apparaturen. In großen Windkanälen hat sich am besten die Waage nach Göttinger Konstruktion bewährt. Das Modell, z. B. ein Flugzeug, wird nach Abb. 15 an Drähten aufgehängt, und zwar in drei parallelen Ebenen, so daß vorne der Widerstand (Umlenkung der Kraft um 90° durch Verspanndraht, der unter 45° nach unten geht) und zwei hintere den Auftrieb messen. Die hintere Waage ist zudem in der Höhe verschiebbar, um den Anstellwinkel verstellen zu können. Die Modelle werden in umgekehrter Lage eingebaut, damit der Auftrieb die Drähte

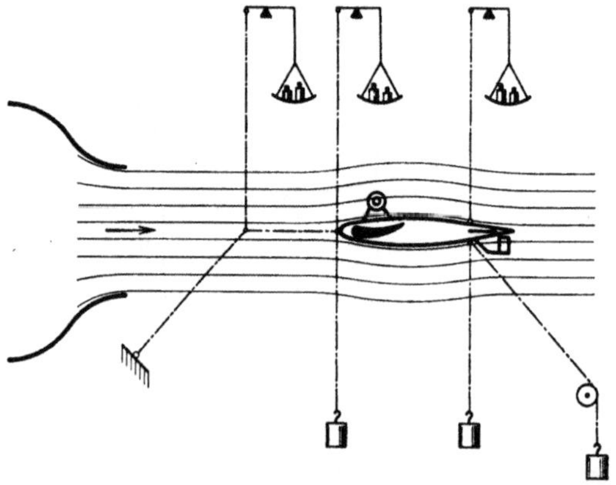

Abb. 15. Aufhängung eines Flugzeugmodells im Windkanale. Schematische Andeutung der Göttinger Waage.

nicht entlastet, sondern spannt. Dieses System, das auch im Kölner Windkanal eingebaut ist, hat sich bei größeren Windkanälen am besten bewährt. Die dünnen Drähte bieten einen verhältnismäßig kleinen zusätzlichen Widerstand, zudem können beliebig schwere Modelle erschütterungsfrei eingebaut werden.

Bei kleineren Windkanälen, insbesondere bei Experimentalvorführungen würden diese Waagen zu teuer und zu unhandlich sein. Das Einspannen der Modelle, sowie das Ausbalancieren erfordert eine erhebliche Zeit, die das Experimentieren sehr belasten würde. Aus diesem

Abb. 16. Zweikomponentenwaage. Kardanische Aufhängung. Kraftabnahme durch Federwaage.

Grunde hat Verfasser sich um die Konstruktion neuer Waagen bemüht, die ein schnelles Auswechseln der Modelle ermöglichen. Abb. 16 zeigt eine Ausführung[1], bei der das Modell an einem Kardangelenk allseitig beweglich aufgehangen ist. Der durch Verschiebegewichte ausbalancierte Hebel enthält am hinteren Ende eine Spitze, die mit einer gegenüber stehenden festen Spitze zum Einspielen gebracht wird. Die Kraftmessung erfolgt durch eine Federwaage, die auf einem Schwenkarm ausziehbar angeordnet ist. Sowohl die Drehung des Schwenkarmes wie die Verschiebung desselben ist selbstsperrend. Die Empfindlichkeit der Waage kann durch

[1] Diese nicht geschützte Ausführung des Verfassers stammt aus dem Jahre 1928. Unter Änderung unwesentlicher Teile, die das Grundprinzip der Aufhängung des Modells an einem Kardangelenk in keiner Weise berühren, wurden in letzter Zeit von verschiedenen Firmen solche Waagen herausgebracht, eine Feststellung, die mit Rücksicht auf möglichst vollständige Darstellung der Entwicklung dieser Geräte geboten erschien.

ein in der Höhe verstellbares Stabilisierungsgewicht geändert werden. Bringt man die Waage in die senkrechte Richtung, so erhält man den Auftrieb, während die waagerechte Lage für die Widerstandsmessung verwendet wird. Jede dieser Bewegungen kann für sich arretiert werden, damit z. B. bei der Auftriebsmessung die horizontale Bewegung nicht stört. Es können auch mittels zweier Federwaagen, die an zwei um 90° verschobenen Armen befestigt werden, Widerstand und Auftrieb gleichzeitig gemessen werden. Die durch die Federwaage angegebene Kraft ist nach dem Hebelgesetz umzurechnen. Beim Tragflügel wird man als Angriffspunkt die Mitte des vom Luftstrahl erfaßten Bereiches annehmen.

Abb. 17. Dreikomponentenwaage. Auftrieb, Widerstand und Moment werden durch Zeiger selbsttätig angezeigt.

Gibt man beide Arretierungen der Waage frei und bringt die Spitzen dadurch in Übereinstimmung, daß man die Federwaage auszieht und den Schwenkarm gleichzeitig verdreht, so erhält man Größe und Richtung der Resultierenden d. h. auch den Gleitwinkel. (In Abb. 16 ist diese Stellung festgehalten.)

Der Nachteil der sonst durchaus brauchbaren Waage besteht darin, daß bei einem größeren Zuschauerkreis die einzelnen Vorgänge schwer beobachtet werden können und das Einstellen auf die Spitzen von ferne betrachtet etwas willkürlich „erscheint". Die Lagerung in Spitzen bzw. kleinen Zapfen verbietet außerdem die Verwendung schwerer Modelle, z. B. eines ganzen Modellflugzeuges. Diese Nachteile werden bei einer neueren Ausführung vermieden. Gleichzeitig wurde die Waage zu einer Dreikomponentenwaage umgebaut, Abb. 17 zeigt diese Ausführung, bei der alle drei Kräfte durch Zeiger sofort angezeigt werden und eine Nachstellung bzw. Einstellung auf Spitzen od. dgl. nicht nötig ist. Grundsätzlich lassen sich alle Waagen in zwei Gruppen einteilen.

1. Waagen, die nach dem Nullsystem arbeiten, z. B. Abb. 15 u. Abb. 16

2. Direktanzeigende Waagen z. B. Abb. 17 u. ff.

Für Experimentalvorführungen und kleine aufklärende Versuche ist der zweiten Gruppe unbedingt der Vorzug zu geben.

Im Prinzip ist die Kräftezerlegung durch ein Kardan beibehalten worden. Alle Achsen (drei aufeinander senkrecht stehende Raumachsen) sind in Kugellagern gelagert und bilden aus konstruktiven Gründen ein „aufgelöstes Kardan“. Die Bewegung jeder Achse wird durch Blattfedern begrenzt und durch Zahnräder stark vergrößert auf Zeiger übertragen. Alle Komponentenkräfte werden vollkommen unabhängig voneinander gemessen. Das Gewicht des Modells wird durch Schiebegewichte auf der verlängerten Achse der Momentenwaage ausgeglichen, während bei Benutzung der Momentenwaage auch noch der Schwerpunkt in die Drehachse der Momentenwaage gebracht werden muß. Dies geschieht durch ein in Abb. 17 vorne erkennbares Verschiebegewicht, daß außerdem um die Achse gedreht werden kann. Die Ausbalancierung läßt sich daran leicht erkennen, daß Auftriebs- und Momentenwaage auf Null stehen müssen. Steht die Widerstandswaage nicht auf Null, so ist durch die Mikrometerschrauben des Stativs eine senkrechte Ausrichtung vorzunehmen. Sämtliche Waagen zeigen auch negative Kräfte an, d. h. Auftrieb und Abtrieb, Widerstand und Saugkraft sowie positives und negatives Moment. Der Tragflügel kann in einem Reibungsgelenk gedreht werden zwecks Verstellung des Anstellwinkels. Eine besondere Skala zeigt den Anstellwinkel an. Alle drei Bewegungen können arretiert werden.

Die Übersetzung der Modellbewegung ist so groß, daß das Modell keine große Verschiebung im Luftstrahl erfährt. Nur bei kleinerem Luftstrahl und etwas größerem Tragflügel dürfte beim Maximalauftrieb die Verschiebung etwas unangenehm sein. Sehr leicht kann dem dadurch abgeholfen werden, daß die ganze Waage in der Stativbefestigungsklemme gehoben bzw. gesenkt wird. Noch einfacher läßt sich, wenn man genaue Messungen ausführt, die Verschiebung durch die Widerstandsmessung ausgleichen. Man dreht die ganze Waage mit Stativ so weit, bis das Modell wieder die gleiche relative Lage gegenüber der Windkanaldüse hat.

Bei allen Messungen achte man darauf, daß das Modell in der gesunden Kernzone des Luftstrahles sich befindet. Ohne Dämpfung stellen sich dann alle Waagen ruhig ein. Sobald man in den verwirbelten Bereich des Strahles kommt, der sich auch nach innen mit einem Winkel $\operatorname{tg} \alpha \sim \frac{1}{8}$ ausbreitet, schwanken die Waagen und erschweren etwas die Ablesung.

Für die meisten Anwendungszwecke dürfte bereits eine Zweikomponentenwaage genügen. Die Bauart ist die gleiche wie bei der Dreikomponentenwaage, jedoch fehlt die Momentenwaage (Abb. 116 S. 80).

Selbst mit der Einkomponentenwaage bei der die Auftriebs- und Momentenwaage fehlt, läßt sich schon sehr viel machen. Denn durch

Schwenken des Windkanals um 90° läßt sich auch der Auftrieb bestimmen. Man hat nur die Unbequemlichkeit in Kauf zu nehmen, daß man zuerst den Widerstand allein messen muß und dann den Auftrieb. Doch dürfte der Vorteil eines Zeigerinstrumentes in vielen Fällen so groß sein, daß man vielleicht dieses Gerät noch der Waage (Abb. 16) vorziehen dürfte.

Abb. 18. Umsteckbare Einkomponentenwaage. Stellung zur Widerstandsmessung.

Abb. 18 u. 19 zeigen die gleiche Einkomponentenwaage umsteckbar angeordnet. Zwei um 90° verschobene Haltestangen können in das Stativ eingeklemmt werden, so daß jetzt ohne Schwenken des Windkanals nacheinander Auftrieb und Widerstand gemessen werden können.

Abb. 18 zeigt die Stellung für die Widerstandsmessung. Bei der Anordnung nach Abbildung 19 läßt sich der Auftrieb messen.

Abb. 19. Umsteckbare Einkomponentenwaage. Stellung zur Auftriebsmessung.

Eine weitere Waage wurde noch entwickelt, um mit geringem Aufwand die Haupteigenschaften des Tragflügels zeigen zu können. Es handelt sich um eine federnde kardanische Aufhängung. Das ganze Kardangelenk ist durch eine Spiralfeder ersetzt, so daß keinerlei Reibung in Lagern usw. vorhanden ist. Abb. 20. Um ein Herabhängen des Tragflügels zu vermeiden, ist die den Tragflügel haltende Stange durch die

Feder gesteckt und an den Enden der Feder durch Schlußstücke befestigt. Die Feder selbst ist in der Mitte in einer äußeren Büchse festgehalten. Letztere dreht sich in einem festen Lager und kann mit der Anstellwinkel-

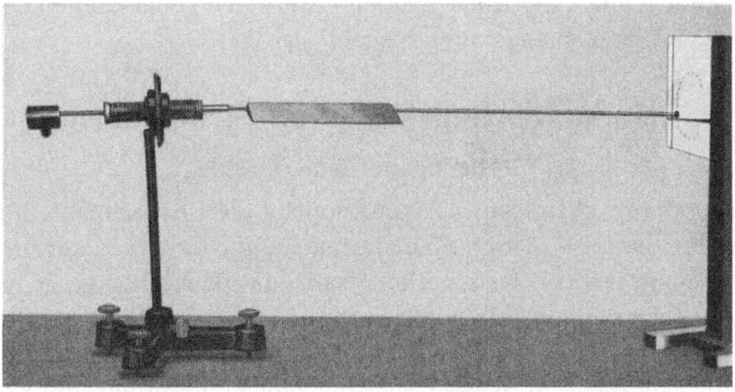

Abb. 20. Zweikomponentenwaage zur unmittelbaren Anzeige und Aufzeichnung der Polare.

skala leicht gedreht werden. Die durchgehende Stange enthält noch ein verschiebbares Ausgleichgewicht. Auf dem Tragflügel ist ein langer Zeiger aufgesteckt, dessen Spitze sich vor einer mit Koordinatensystem versehenen Glasplatte bewegen kann. Im Luftstrom weicht der Tragflügel in Richtung der Resultierenden aus. Die vorher auf den Nullpunkt eingestellte Zeigerspitze wird sich somit vom Nullpunkt in Richtung der Resultierenden verschieben. Die Länge dieser Verschiebung ist prop. der Größe der Resultierenden. Dreht man die Feder, so stellt sich für einen anderen Anstellwinkel die jeweils vorhandene Resultierende ein. Man erkennt, daß die Bewegung der Zeigerspitze identisch mit der Polare ist, die so durch eine Umdrehung der Skala d.h. in wenigen Sekunden gezeigt werden kann.

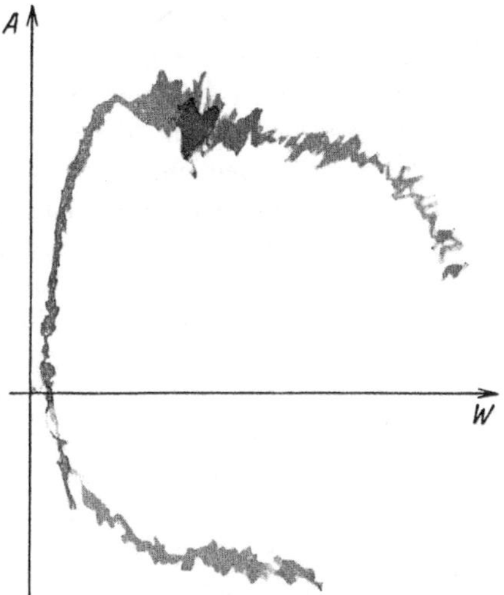


Abb. 21. Polare selbsttätig aufgezeichnet mit der Waage nach Abb. 20.

Steckt man auf die Zeigerspitze einen dünnen Pinsel, der mit Tinte getränkt ist, so wird auf einem auf die Glasscheibe aufgelegtem Blatt Papier die Polare aufgeschrieben. Abb. 21 zeigt eine derartige Kurve im

Original. Sehr gut ist das Sinken der Auftriebskraft bei größeren Anstellwinkeln zu erkennen. Da an dieser Stelle sich starke Winkel ablösen, schwankt der Tragflügel, so daß an dieser Stelle eine Zickzacklinie entsteht.

Alle später beschriebenen Schauversuche des Tragflügels können mit dieser Anordnung ausgeführt werden. Mit einer Federwaage können die Ausschläge dieser Waage auch geeicht werden.

# II. Sichtbarmachung von Strömungen.

## 1. Allgemeine Bemerkungen.

Eines der wichtigsten Auskunftsmittel der experimentellen Strömungslehre besteht in der Sichtbarmachung von Strömungen. Wenn andere Hilfsmittel versagen, gelingt es oft, die Bewegungsvorgänge sichtbar zu machen und eine klare Antwort auf schwierige Fragen zu erhalten.

Bevorzugt sollen hier die Methoden behandelt werden, bei denen Strömungsvorgänge in Wasser sichtbar gemacht werden und zwar deshalb, weil dies mit den einfachsten Mitteln durchführbar und gleichzeitig eine sonst nicht zu überbietende Deutlichkeit erzielbar ist.

Nach dem Reynoldschen Gesetz sind Strömungen um geometrisch ähnliche Körper gleich, wenn bei gleichen Abmessungen in Luft die Geschwindigkeit ca. 14mal größer als im Wasser ist. Nun ist nach den Ergebnissen der neueren Strömungslehre die genaue Einhaltung der Reynoldschen Zahl nicht so notwendig, wenn man innerhalb desselben Strömungsbereiches ist. Gemeint ist, daß z. B. in beiden Fällen eine turbulente Grenzschicht vorhanden ist.

Die Sichtbarmachung einer Wasserströmung mit offener Oberfläche ist nun höchst einfach, indem man die Oberfläche mit leicht schwimmenden Teilchen bestreut, die die Bewegung des Wassers genau mitmachen. Ahlborn[1] hat zuerst auf diese Möglichkeit hingewiesen und durch Aufstreuen von Lykopodium sehr schöne Bilder herstellen können. In gleicher Weise ist entfettetes Aluminiumpulver gut geeignet.

Verschiedenen Grenzen ist nun diese Methode unterworfen. Es leuchtet ein, daß die Betrachtung der Oberflächenbewegung nur dann einen praktischen Sinn hat, wenn die Bewegung in Parallelebenen unter dem Wasser die gleiche ist. Eine solche Strömung nennt man ebene Strömung. Diese Bemerkung ist mit Rücksicht auf den Zustand der Wasseroberfläche nötig.

Weiter ist zu berücksichtigen, daß von einer gewissen Wassergeschwindigkeit ab Wellen entstehen und zwar zunächst Oberflächenwellen, auch Kapillarwellen genannt (Kräuseln der Wasseroberfläche) und dann Schwerwellen. Bei einer Geschwindigkeit von 23,4 cm/sec befindet sich

[1] Ahlborn, F.: Über den Mechanismus des hydrodynamischen Widerstandes. Abhandl. a. d. Gebiet d. Naturwiss. Bd. 17. Hamburg 1902.

diese Grenze. Hierdurch sind den erreichbaren Reynoldschen Zahlen bestimmte Grenzen gezogen.

Mit welchen Mitteln wird nun am zweckmäßigsten die Strömung erzeugt? Grundsätzlich bestehen zwei Möglichkeiten. Einmal wird bei stillstehendem Wasser das Modell geschleppt oder das stillstehende Modell befindet sich in einem gleichmäßigen Wasserstrom. Die erste Methode wurde von Ahlborn verwendet und eignet sich sehr gut zur Herstellung von Strömungsbildern. Auf einem Schleppwagen befinden sich Modell und Kamera. Der große Vorteil der Methode besteht darin, daß das Wasser keinerlei Störungen aufweist, die sonst in strömendem Wasser nie ganz zu vermeiden sind. Nachteilig ist die begrenzte Dauer der Beobachtungsmöglichkeit, die von der Länge des Kanals abhängt.

Insbesondere bei Demonstrationsversuchen ist es erwünscht, daß ein Vorgang beliebig lang beobachtet werden kann. Dies ist mit den im folgenden beschriebenen Geräten möglich.

## 2. Offene Wannen.

Abb. 22 zeigt eine früher vom Verfasser benutzte Wanne, bei der eine stetige Wasserströmung durch zwei unter dem Wasserspiegel arbeitende Propeller erreicht wird. Der mittlere Kanal ist die Beobachtungsstrecke, während die seitlichen Umführungskanäle den Hauptstrom in zwei Teilströme teilen, die sich in stetigem Umlauf befinden. Statt der Propeller kann man auch offen arbeitende Schaufelräder — ähnlich wirkend wie die Schaufeln von Raddampfern — verwenden[1]. Die sich ergebenden Strömungsbilder sind klar und deutlich. Zur Projektion dieser Bilder wurde vom Verfasser eine Epi-Optik entwickelt, die die Strömungsbilder quasi als Film auf die Leinwand wirft. Abb. 23 zeigt die Gesamtanordnung[2]. Die Epiprojektion wurde indes sehr schnell zugunsten der Diaprojektion fallen gelassen. Hierbei findet eine Durchleuchtung statt, so daß die Bodenfläche aus Glas sein muß. Der Vorteil liegt darin, daß bei Diaprojektion bekanntlich eine etwa 10—15mal stärkere Lichtausbeute vorhanden ist und die Versuchsstrecke offen zugänglich bleibt.

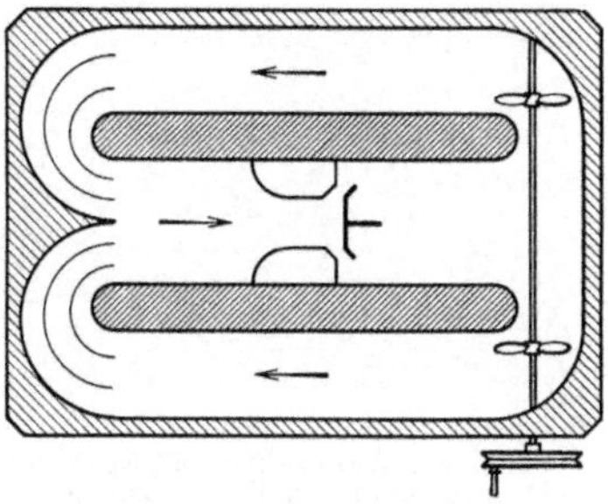

Abb. 22. Wasserwanne zur Erzeugung von Strömungsbildern. (Antrieb durch zwei kl. Propeller.)

Die große Einfachheit der offenen Wanne wird leider durch eine häß-

[1] Vom aerodynamischen Institut Aachen wurde dieser Antrieb m. W. erstmalig verwendet.

[2] Das Modell wurde 1928 gebaut.

liche Begleiterscheinung getrübt. Die Wasseroberfläche ist nämlich sehr empfindlich gegen selbst kleinste Verunreinigungen, insbesondere solche fettiger Zusammensetzung. Es ist bekannt, mit welcher Geschwindigkeit sich bereits ein kleines Tröpfchen Öl auf einer großen Wasseroberfläche ausbreitet. Die kleinen Staubteilchen, die immer in der Luft sind, enthalten nun meist auf ihrer Oberfläche Bestandteile, die eine ähnliche Wirkung wie Öl usw. haben. Läßt man eine Wasseroberfläche mehrere Stunden mit gewöhnlicher Zimmerluft in Berührung, so ist die Oberfläche bereits ganz verdorben. Nach 1—2 Tagen beobachtet man eine direkt festzusammenhängende Schicht, die sich bei Bewegung in Form von „Eisschollen" trennt. Je größer die Luftmenge ist, mit der die Oberfläche in Berührung kommt, um so schneller geht dieser Vorgang vor sich.

Abb. 23. Wasserwanne mit Episkop zur Projektion von Strömungsbildern.

Da bei größeren Wannen die Reinigung und Wassererneuerung den Versuchsbetrieb sehr erschwert, wurde eine neue Ausführung entwickelt, bei der die Wasseroberfläche stetig erneuert wird.

Eine Zentrifugalpumpe drückt Wasser im Kreislauf in einen Auffangbehälter, der in einer großen Wanne steht, und nach der Wanne zu eine filterartige Seite enthält (eine Lage Glaswatte, die zwischen zwei Sieben gehalten wird). Aus diesem Filter strömt das Wasser laminar und vollkommen gleichförmig in die Wanne und zwar in deren größten Querschnitt. Der große Querschnitt verengt sich sehr schnell zu der parallelen Versuchsstrecke, der sich der Ablaufkasten mit der Pumpe anschließt. In das offene Becken strömt noch besonderes Frischwasser ein, welches sich am Umlauf nicht beteiligt, sondern durch eine Auffangzunge wieder wegläuft. Hierdurch wird erreicht, daß immer nur die Wasseroberfläche mit dem Aluminiumpulver abläuft und die Gewähr besteht, daß die Oberfläche immer verwendbar bleibt. In einem Filter wird das Aluminiumpulver wieder aufgefangen. Letzteres wird im Anlaufbereich der Wanne aufgestreut. Infolge der hier vorhandenen großen Querschnitte hat man immer 2—3 Minuten Zeit, ehe neu bestreut werden muß. Die Regelung der Geschwindigkeit erfolgt durch eine Drosselklappe, während die Geschwindigkeit durch einen Staurand in der Rohrleitung leicht bestimmt werden kann.

Abb. 29 zeigt die Gesamtansicht. Ein kleiner Schleppwagen, der auf seitlichen Schienen läuft, gestattet auch noch die Ausführung von Schleppversuchen bei stillstehendem Wasser. Die neuartige Verwendung des Filters aus Glaswolle ergibt den großen Vorteil, daß ohne Gleichrichter und Führungsschaufeln eine einwandfreie Gleichrichtung erzielt werden kann und eine sehr kurze Bauart möglich ist. Ein Turbulenzgitter, das kurz vor der parallelen Versuchsstrecke eingebaut ist, sorgt noch für wirbelige Strömung. Der Kanal wurde als Studienobjekt

Abb. 24. Größerer Wasserkanal für Durchströmung und Schleppversuche.

für eine große Ausführung gebaut, in der hauptsächlich Strömungsbilder bei turbulenter Grenzschicht untersucht werden sollen.

Bei kleineren Ausführungen genügt statt der Zentrifugalpumpe die einfache Wasserleitung. Das ganze Wasser läuft dann mit dem Aluminiumpulver ab.

Die vorgenannten Möglichkeiten eignen sich wenig zu Demonstrationszwecken. Es ergeben sich meist Abmessungen und Armaturen, die sehr stören und unhandliche Formen ergeben.

Der verlockende Gedanke, die auf S. 19 beschriebene offene Wanne dadurch verwendbarer zu machen, daß man sie kleiner ausführt und zwecks Reinigung leicht unter einen Wasserhahn halten kann, bietet verschiedene Schwierigkeiten. Einmal sinkt die Reynoldsche Zahl weiter, was indes nicht so tragisch ist, wenn man überhaupt noch im turbulenten

Bereich bleibt, da der zweite überkritische Zustand mit solchen Wannen überhaupt nicht erreicht werden kann. Unangenehmer ist, daß die äußerst kleinen Schaufeln, die sich bei kleinen Wannen für den Antrieb ergeben, leider die sehr empfindliche Oberfläche zerschlagen. Das Aluminiumpulver wird nach unten geschlagen und damit die Oberfläche schnell unbrauchbar.

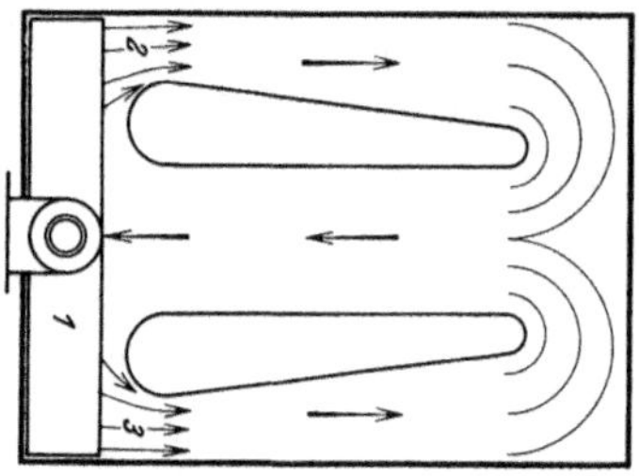

Abb. 25. Wasserwanne mit Düsenantrieb. Eine kleine Zentrifugalpumpe saugt eine Teilwassermenge an und drückt sie durch Düsen in die Seitenkanäle.

Eine neue Anordnung vermeidet diese Schwierigkeiten. Es war möglich, eine einwandfrei arbeitende Strömungswanne herzustellen, deren Außenmaße nicht größer als 200×300 mm sind (Abb. 25). Bei grundsätzlicher Beibehaltung der Hauptanordnung geschieht der Antrieb dadurch, daß der eingesetzte Kasten *1* in der Mitte eine stehend arbeitende Kleinstzentrifugalpumpe enthält, die eine kleine Teilwassermenge hoch saugt und durch die Düsen *2*/*3* herausdrückt. Diese Düsenstrahlen treiben den Hauptstrom an. Durch Drehzahlregulierung des Motors läßt sich jede gewünschte Geschwindigkeit einstellen. Eine Störung der Oberfläche findet durch diesen Antrieb nicht statt. Durch Senkung des Wasserspiegels läßt sich eine weitere Geschwindigkeitserhöhung erzielen. Die größten erreichbaren Geschwindigkeiten sind so groß, daß nicht allein Oberflächenwellen, sondern auch Schwerewellen auftreten. (Viele den Fluß- und Schiffbau interessierenden Wellenprobleme können mit dem Gerät behandelt werden.)

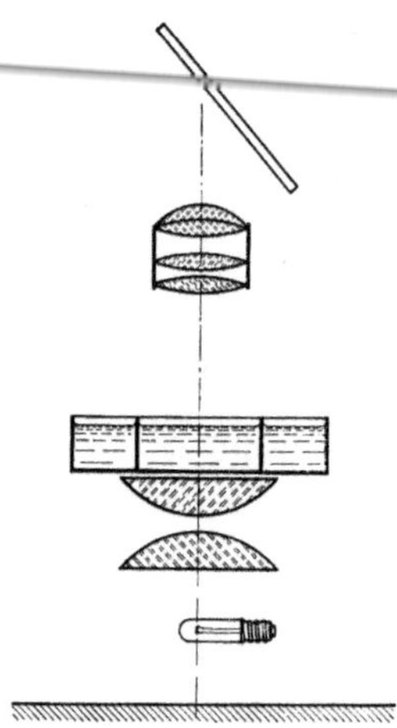
Abb. 26. Schematische Darstellung des Bildwerfers zur Projektion von Strömungsbildern. Zur Projektion von allen durchleuchtbaren Gegenständen verwendbar.

Die Wanne ist aus Aluminium gegossen. Der Boden der Versuchsstrecke (mittlerer Teil) ist aus Glas. Zwecks leichter Reinigungsmöglichkeit ist der Motor mit Regulierwiderstand und Pumpe herauszunehmen.

Zur Projektion der Strömungserscheinungen wurde eine besondere Optik entwickelt, die in Abb. 26 schematisch dargestellt ist. Unter der Wanne befindet sich ein Doppelkondensor von 150 mm ∅, der von einer Punktlichtlampe beleuchtet wird[1]. Über der Wanne, die direkt

[1] Punktförmige Lichtquellen erhöhen die gleichmäßige Ausleuchtung erheblich. Am besten sind deshalb Bogenlichtlampen, die sehr dünne Kohlen enthalten.

über dem Kondensator steht, befindet sich das Objektiv (Anastigmat), sowie ein Spiegel, der das Bild in die horizontale Richtung umlenkt. Bei einer Lampe von nur 100 Watt ergibt sich bereits eine Helligkeit und

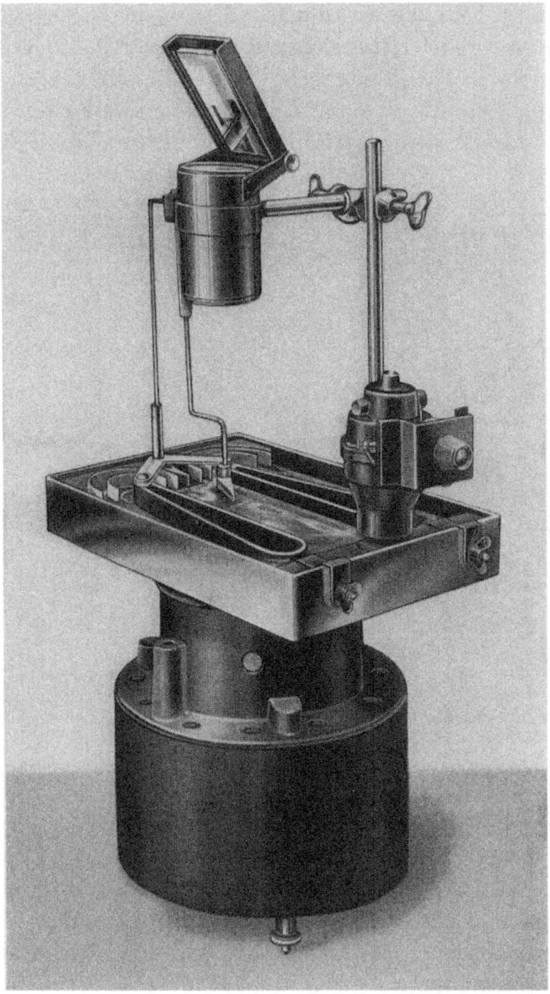

Abb. 27. Gesamtansicht des Bildwerfers mit Strömungswanne.

Schärfe, daß es kaum nötig ist, den Vortragssaal ganz zu verdunkeln.

Bequemer sind die bekannten von Osram entwickelten Niedervoltlampen. Die zu ihrer Verwendung meist notwendigen kleinen Transformatoren lohnen sich in jedem Falle. Die Lichtausbeute ist bedeutend besser gegenüber den bekannten Projektionslampen von 110 bzw. 220 V.

Aus Abb. 27 ist die Gesamtanordnung zu erkennen. (Der Bildwerfer ermöglicht eine verzerrungsfreie und gleichmäßig ausgeleuchtete Abbildung irgendeines durchleuchtbaren Gegenstandes bis zur vollen Ausnutzung des Kondensordurchmessers von 150 mm.)

Die Modelle, die in die Versuchsstrecke eingesetzt wurden, läßt man mit der Wasseroberfläche abschließen. Der an der Körperbegrenzung entstehende Randwinkel (Hochziehen der Flüssigkeit infolge Kapillarwirkung) kann durch Paraffinieren in etwa bekämpft werden. Noch wirksamer ist folgender Weg. Man füllt langsam etwas Wasser hinzu, bis die Oberfläche des Wassers ungefähr mit der Körperoberfläche abschließt.

Abb. 28. Anfahrwirbel hinter einer Platte.

Selbst wenn die Wasseroberfläche etwas höher ist, tritt bei vorsichtigem Experimentieren noch kein Überschwemmen ein. Man kann sogar bequem negative Randwirbel erzeugen. Bei Durchleuchtung werden die besten Ergebnisse erzielt durch Bestreuen mit einer Mischung von Lykopodium und Aluminiumpulver. (Letzteres muß entfettet sein. Auskochen in Spiritus!)

### 3. Anwendungsbeispiele für die Verwendung von offenen Wannen.

#### a) Stromlinienbilder.

Die im ersten Band enthaltenen Strömungsbilder zeigen bereits zahlreiche Verwendungsmöglichkeiten. Einige weitere Beispiele sollen noch angeführt werden. Die folgenden Strömungsbilder wurden alle mit der kleinen Wanne hergestellt und sind unretuschiert wiedergegeben. Abb. 28 zeigt die Anfahrwirbel hinter einer Platte, die dadurch entstehen, daß bei ruhendem Wasser der Pumpenmotor sofort

Abb. 29. Strömung um einen Halbzylinder.

auf hohe Drehzahl gebracht wird. Wenn die Anfahrtwirbel weggeschwommen sind, stellen sich die periodisch abreißenden Wirbel ein (Kármánsche Wirbelstraße). Auch die Anfahrtströmungen hinter einem Zylinder können auf diese Weise gewonnen werden. Abb. 29 zeigt die Strömung

Abb. 30. Umströmung eines rechteckigen Körpers.

um einen Halbzylinder, bei der besonders gut die Unsymmetrie der abgehenden Wirbel zu erkennen ist. Der untere große Wirbel ist gerade im Begriff wegzuschwimmen. Die Umströmung eines rechteckigen Körpers (Abb. 30) läßt den sog. Stirnwiderstand erkennen. Die Strömung löst sich fast genau so ab wie bei einer Platte.

Abb. 31 stellt die abgerissene Tragflächenströmung dar, während die anliegende Strömung (Abb. 32) eine deutlich erkennbare verdickte Grenz-

Abb. 31. Abgerissene Tragflächenströmung.

schicht auf der Saugseite zeigt. Die wirkliche Tragflächenströmung ist etwas besser wegen der turbulenten Grenzschicht, die bei Wannenver-

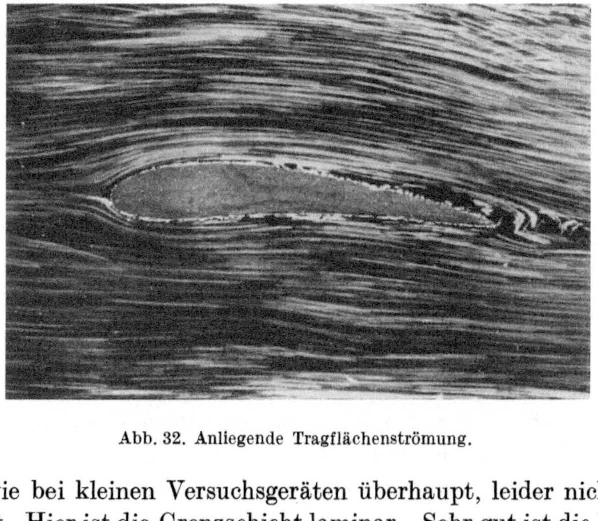

Abb. 32. Anliegende Tragflächenströmung.

suchen, wie bei kleinen Versuchsgeräten überhaupt, leider nicht zu erreichen ist. Hier ist die Grenzschicht laminar. Sehr gut ist die laminare Grenzschicht bei der Umströmung eines Stromlinienkörpers zu erkennen

Abb. 33. Die Strömung umschließt den Körper ohne Wirbelbildung, doch sieht man deutlich, wie in der Grenzschicht durch die Oberflächenreibung eine verzögerte Schicht vorhanden ist, die nach hinten immer dicker wird. Hinter dem Körper ist eine Schleppe zu beobachten, die das gesamte verzögerte Material enthält. Besonders bei der Projektion ist

Abb. 33. Umströmung eines Stromlinienkörpers.

dieser Vorgang sehr schön zu beobachten. Durch Regulieren der Geschwindigkeit läßt sich jede Partie so verzögern, daß man einzelne Teilchen mit dem Auge verfolgen kann. Eine einfache merkliche Erhöhung der Reynoldschen Zahl erreicht man, wenn man heißes Wasser verwendet. Das langsame Anheizen durch einen einfachen Tauchsieder zeigt z. B. sehr schön, wie die Grenzschichtverhältnisse bei Tragfläche, Strebe-, Stromlinienprofil usw. — sich merklich verbessern.

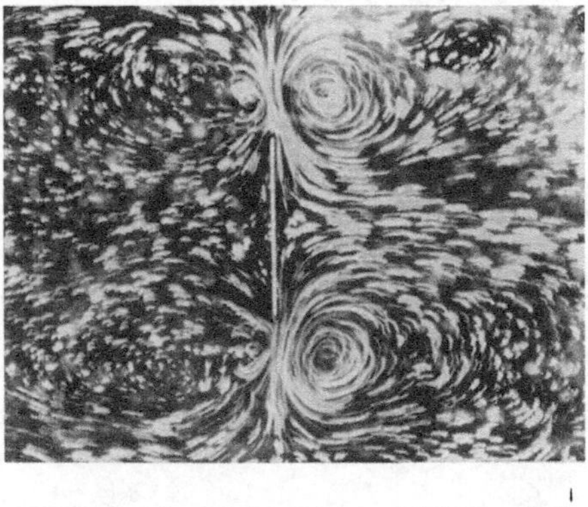

Abb. 34. Anfahrwinkel und Stoppwirbel einer Platte.

Schleppt man bei stillstehendem Wasser eine Platte und stoppt dieselbe kurz vor dem Wegschwimmen der Anfahrwirbel, so entstehen gemäß Abb. 34 zwei neue Anfahrwirbel (das plötzliche Stoppen bedeutet ja einen neuen Anfahrvorgang), so daß im ganzen vier Anfahrwirbel vorhanden sind.

Die Wirbelstraße wird am besten dadurch gezeigt, daß man durch die Versuchsstrecke bei stillstehendem Wasser mit der Hand einen Widerstandskörper schleppt.

### b) Schauversuche in der Strömungswanne.

Indem man die Modelle beweglich aufhängt, lassen sich auch Bewegungserscheinungen der Modelle zeigen. Hängt man z. B. einen Zylinder als Pendel an einem Faden auf, so bemerkt man ein Hin- und Herschwanken des Zylinders im Takte der abgehenden Wirbel. Die Ausschläge sind besonders groß, wenn man für Resonanz zwischen der Ablösungsfrequenz der Wirbel und der Frequenz des einfachen Fadenpendels sorgt. Bringt man noch einen radialen Zeiger an den Zylinder, so kann man auch eine kleine Drehung des Zylinders wahrnehmen, die ebenfalls ihre Richtung ändert, wenn die Bewegung umschlägt. Der Zirkulationswirbel um den Zylinder kann hierdurch rein mechanisch nachgewiesen werden. Drillt man den Faden und läßt ihn dann ablaufen, so zeigt sich das Bild des Magnuseffektes (Abb. 35). Der Zylinder weicht nach der Seite aus entsprechend der hier auftretenden Querkraft. Nach Ablaufen des Fadens stellt sich wieder das Hin- und Herpendeln ein. Ohne Anströmung zeigt sich beim Ablaufen des Zylinders die reine Zirkulationsströmung (Abb. 36).

Abb. 35. Magnuseffekt. Zylinder, an einem gedrillten Faden aufgehängt, läuft ab.

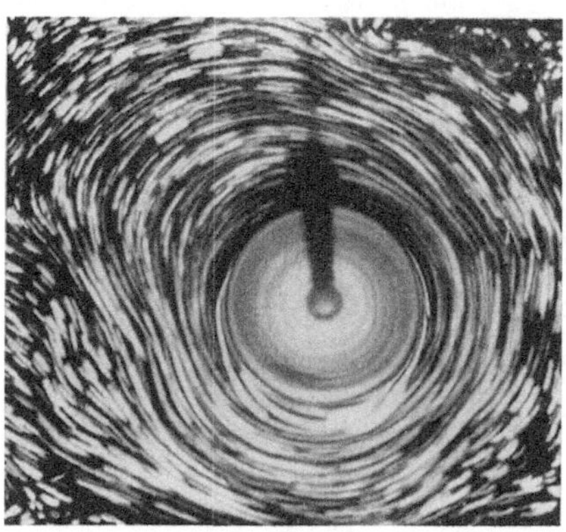

Abb. 36. Zirkulationsströmung. (Abweichungen von der Kreisbahn sind durch kleine Schwankungen des pendelnd aufgehangenen Zylinders entstanden.)

Auch beim Tragflügel läßt sich das Strömungsbild noch dadurch ergänzen, daß man den Tragflügel beweglich aufhängt. In Abb. 27 ist der Tragflügel an einem Hebel in zwei Spitzen gelagert, die sich auf einem Galgen befinden. Der Tragflügel kann hin- und herpendeln und der Größe seines Auftriebes entsprechend ausweichen. Ein Reibungsgelenk gestattet, verschiedene Anstellwinkel einzustellen.

Hält man unter das Tragflügelende eine kleine Leiste (Flügelendklappe), so weicht der Tragflügel sofort aus, ein Zeichen des größeren Auftriebes.

Das Ansaugen hinter einer Platte läßt sich gut zeigen, indem man mit der Hand eine Platte vor den pendelnden Zylinder bringt, der sofort an die Platte gedrückt wird, und dort hängen bleibt, wenn man dieselbe stromaufwärts zieht.

Sehr interessant sind die Bewegungen, die eine Platte ausführt, die an einem Faden wieder pendelnd gehalten wird. Zunächst zeigt sich das bekannte Querstellen zur Strömung. Die Platte führt dann Querschwingungen aus, und zwar in Verbindung mit kleinen Drehungen. Es ist die bekannte Bewegung der fallenden Postkarte, wenn man die Fallgeschwindigkeit durch geeignete Beobachtung abzieht.

Die Versuche mit der Strömungswanne haben den Vorzug, daß alle einzelnen Vorgänge auf der Leinwand verfolgt und ohne jede Rechnung gedeutet werden können.

## 4. Weitere Methoden.

Einige interessante Ausführungen stammen von Krebs[1]. In einem geschlossenen Kanal, der von zwei parallelen Glasscheiben begrenzt und durch ein mittleres Einsatzstück zu einem geschlossenen Kreislauf ausgebildet ist, wird in der Weise eine Umströmung des mittleren Einsatzstückes bewirkt, daß an der tiefsten Stelle durch ein kleines Gebläse Luft eingeblasen wird. Die aufsteigenden Luftblasen — die obere schmale Seite des Kanales ist offen — dienen als Antrieb für den Wasserstrom. Dem Wasser werden leicht schwebende kleine Teilchen, z. B. Eichenspäne usw., zwecks Sichtbarmachung beigemengt. Die geschlossene Ausführung, die auch bei einer Ausführung von Eicke[2] gewählt wurde, hat gegenüber der Wanne den Vorteil, daß höhere Reynoldsche Zahlen erreicht werden können. Bei der Projektion ergibt sich jedoch der Nachteil, daß die infolge der Reibung an der Glaswand unterschiedlich strömenden Grenzschichten mit allen Schichten zusammen projiziert werden und infolgedessen die Lichtbilder eine gewisse Verzerrung aufweisen. Auch treten bei den Ablösungserscheinungen Querströmungen senkrecht zur Wand auf, so daß der Charakter der zweidimensionalen Bewegung nicht mehr sauber vorhanden ist.

Von Krebs[3,4] stammt noch ein anderer bemerkenswerter Vorschlag.

---

[1] Z. f. d. physik. u. chem. Unterr., 46. Jg. 1933, S. 66.

[2] Eicke: Z. f. d. physik. u. chem. Unterr., 1935, II; S. 92.

[3] Krebs: Z. f. d. phys. u. chem. Unterricht 45, (1932) S. 54.

[4] Ohne Namensnennung und Wissen von Krebs ist jüngst eine Nachbildung dieser Idee auf den Markt gebracht worden, auf die hier selbstverständlich nicht eingegangen werden kann.

Die bei kleinen Wannen vorhandenen Antriebsschwierigkeiten hat er dadurch umgangen, daß das Wasser durch schräg aufgeblasene Luft in Bewegung gesetzt wird. Für kurze Versuchsdauer ist der Antrieb ausreichend. Da die nunmehr vermehrte Berührung der hochempfindlichen Wasseroberfläche mit Luft eine schnelle Anreicherung der Oberfläche mit feinen Staubteilchen bedingt, wird bei diesem Antrieb die Oberfläche verhältnismäßig schnell unbrauchbar, so daß bei längerer Versuchsdauer öfteres Erneuern des Wassers notwendig ist.

## 5. Sichtbarmachung von Luftströmungen.

Insbesondere um Strömungen im Windkanal sichtbar zu machen, hat man sich große Mühe gegeben. Die Sichtbarmachung ist hier nicht so einfach wie bei Wasser.

Für einfache Schauversuche wurde bereits in Band I die Verwendung einer langgestreckten Gasflamme empfohlen. Bis zu Geschwindigkeiten von 15—20 m/sec ist die Gasflamme gut verwendbar.

Sehr gut eignen sich auch Salmiaknebel, die durch Vermischung von Amoniak und Salzsäure entstehen. Bei längerer Versuchsdauer sind leider die sich auf allen Gegenständen festsetzenden weißen Rückstände unangenehm.

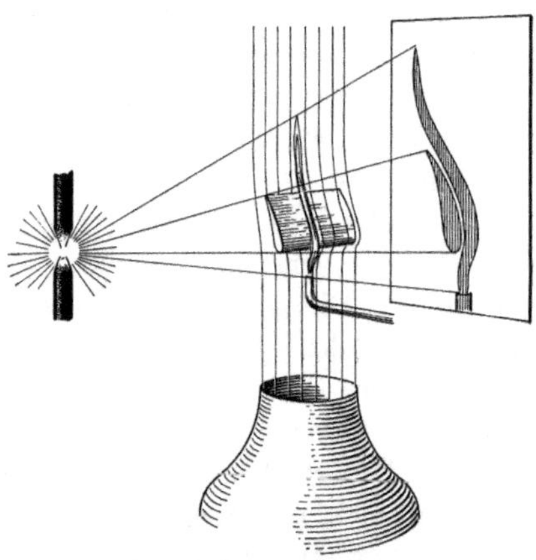

Abb. 37. Sichtbarmachung der Strömung durch Gasflamme und Schlierenbeleuchtung.

Für kleinere Versuche kann Tabaksqualm ebenfalls gut verwendet werden. Eine Blaspfeife, die man leicht aus einem kleinen Steintopf herstellen kann, dient zur Verbrennung des Tabaks, während die Verbrennungsluft durch ein kleines Gebläse — Fön — oder auch durch einen Handblasebalg zugeführt wird.

Bei all diesen Versuchen muß darauf geachtet werden, daß der im Windstrom auftretende gefärbte Strahl die gleiche Geschwindigkeit hat, wie die nähere Umgebung, weil sonst Störungen durch die turbulente Vermischung mit der Umgebung eintreten.

Eine einfache Schlierenprojektion dürfte auch hin und wieder einige Dienste leisten. Abb. 37 zeigt eine einfache Anordnung, die im wesentlichen aus einer Bogenlampe (ohne Optik) besteht. Die für die Projektion von Strömungsbildern entwickelte Optik (Abb. 27) eignet sich ebenfalls für diese Versuche. Zwischen Bogenlampe und Leinwand befindet sich das Versuchsobjekt, z. B. ein Windkanal, bei dem die Umströmung eines Tragflügels durch eine Gasflamme abgetastet wird. Auf der Leinwand beobachtet man den Verlauf der Flamme, d. h. der Stromlinie, als schwarzen Faden.

Gegenüber der bekannten Töpler'schen Schlierenmethode hat diese Methode, die erstmalig Schmidt[1] angab, den Vorteil der großen Einheit, allerdings auch den Nachteil, daß quantitative Auswertungen nur in einigen Fällen möglich sind. Als Demonstrationsmittel ist die Methode immerhin brauchbar.

Interessant sind besonders die durch Wärmekonvektion sich ergebenden Strömungen. Hält man z. B. an Stelle des Windkanals eine Hand in den Lichtkegel, so kann man auf der Leinwand sehr gut die durch die Hand erwärmte Luft abströmen sehen. Auch das Atmen eines Menschen läßt sich auf der Leinwand erkennen.

Die besten Bilder ergeben sich bei großen Entfernungen zwischen Lichtquelle und Leinwand (etwa 40—60 m). Notwendig ist schlierenfreie Luft, eine Bedingung, die sehr gut in langen Kellerräumen zu erfüllen ist.

Eine hübsche Anwendung besteht noch bei folgender Anordnung[2]. Man formt sich aus Pappe ein „Segelfluggelände" mit mehreren Bergen, Vorhügeln usw. Diese Anordnung bestrahlt man mit einer Heizsonne und stellt das Ganze vor die Lampe. Man beobachtet dann sehr schön die Thermik, kann genau die guten und schlechten Hänge studieren und durch Verstellen der „Sonne" die Tageszeit ändern.

## 6. Darstellung der reibungsfreien Strömung.

Wie zuerst Hele-Shaw[3] angegeben hat, stellt sich rein äußerlich das Bild einer reibungsfreien Strömung ein, wenn man zwischen zwei enggestellten parallelen Glasplatten irgendwelche Körper umströmen läßt. Obschon es sich hier an und für sich um eine Strömung mit großer Reibung handelt, zeigt es sich, daß zufällig die Differentialgleichung dieser Bewegung identisch ist mit der Differentialgleichung der reibungslosen Strömung. Stokes[4] ist zuerst der mathematische Nachweis gelungen, daß die Differentialgleichungen beider Bewegungen gleich sind. In der dünnen Flüssigkeitsschicht wirkt sich die innere Zähigkeit so stark aus, daß die Trägheitskräfte überhaupt keine Rollen spielen und bei der

---

[1] Schmidt, Ernst: Schlierenaufnahmen des Temperaturfeldes in der Nähe wärmeabgebender Körper. Forschung, 1932; Bd. 3, S. 181.

[2] Diese Versuchsanordnung stammt von Dipl.-Ing. Schulze, Benzol-Verband, Bochum.

[3] Hele-Shaw: Experiments of the Nature of Surface Resistance. Inst. Nav. Arch. 29, 145, 1897.

[4] Stokes, G. G.: Mathmatical Proof of the Idendity of the Stream Lines Obtained by Means of a Viscous Film with those of a Perfect Fluid Moving in Two Dimensions. Rep. of The Brit. Ass. 143. 1898.

Rechnung vernachlässigt werden können. Die Strömung als solche ist selbstverständlich laminar.

Die Sichtbarmachung erfolgt bei dieser Methode dadurch, daß man auf der Kanalbreite verteilt Farbstrahlen eintreten läßt, die sehr schön den Stromlinienverlauf wiedergeben. Nach Angaben von Pohl[1] sind derartige Apparate in den Handel gebracht worden.

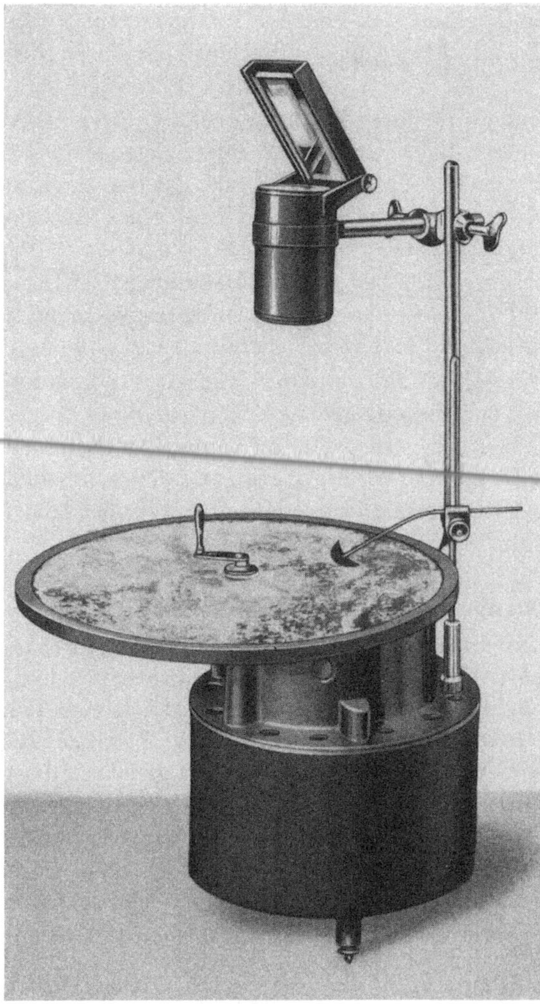

Abb. 38. Stromlinienscheibe zur Darstellung der reibungsfreien Strömung.

Eine neue vom Verfasser entwickelte Methode gestattet eine einfachere Handhabung. Es zeigt sich nämlich, daß eine offene, mit einer gerade noch zusammenhängenden Flüssigkeitsschicht benetzte Platte dieselben Dienste leistet. Die Oberfläche wird mit Aluminiumpulver bestreut, während die Versuchskörper aufgesetzt und langsam geschleppt werden. Um eine stetige Beobachtung zu ermöglichen, ist nach Abb. 38 eine Kreisscheibe aus Glas in der Mitte drehbar gelagert, während die Modelle an einer Haltevorrichtung feststehen. (Ein kleiner Schönheitsfehler besteht bei dieser Ausführung in der Krümmung der Stromlinien.) Die Scheibe ist auf der schon vorher be-

[1] Pohl, R.: Z. f. d. phys. u. chem. Unterricht 38 (1925) S. 119.

schriebenen Projektionsvorrichtung angebracht. Die Projektionsmethode ist die gleiche, wie bei der Strömungswanne. Die sich ergebenden Bilder sind von der gleichen Deutlichkeit und Klarheit[1]. Bemerkt sei, daß die Wasserschicht nicht zu dick sein darf[2]. Gießt man während der Bewegung langsam Wasser auf, so beobachtet man, daß die Strömung allmählich in Strömung mit Wirbel übergeht. Die Schleppgeschwindigkeit des Körpers, mit etwas Spiel über der Platte geschleppt, darf ebenfalls eine gewisse Grenze nicht überschreiten, da schließlich die Strömung hinter dem Körper nicht mehr zusammenkommt und von demselben wie

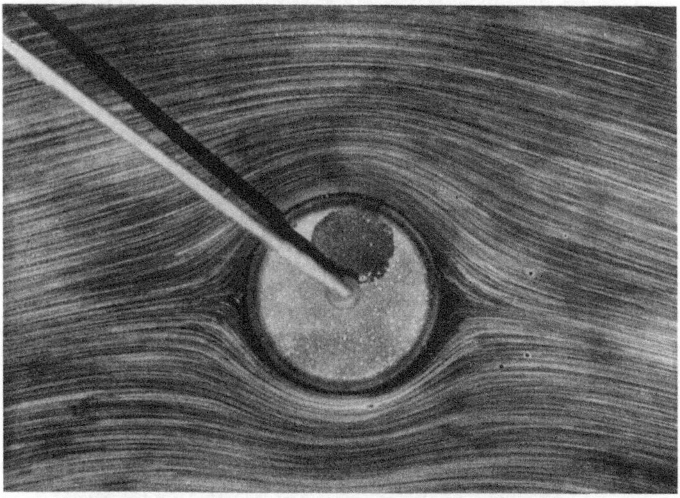

Abb. 39. Umströmung eines Kreiszylinders. Potentialströmung.

von einem Besen weggefegt wird. Die offene Zugänglichkeit ergibt gleiche Vorteile für die Bedienung wie bei der offenen Strömungswanne.

Die nachfolgenden mit dem Gerät ausgeführten Versuche sollen zeigen, daß mit einfachsten Mitteln weitgehende Auskunft über die reibungsfreie Strömung gewonnen werden kann.

Die Umströmung eines Zylinders (Abb. 39) zeigt, daß die Strömung sich wieder mustergültig zusammenzieht und mit dem Bilde von Bd. I, S. 32; Abb. 35 identisch ist. Abb. 40 zeigt die Zylinderströmung, die

[1] Ein kleiner Vorstoß in dieser Richtung stammt von Prasil, F.: Verschiedene Strömungserscheinungen. Verh. d. II. internationalen Kongresses für technische Mechanik (1926) 474. Zürich 1927. Prasil ließ in einem großen flachen Becken an einer Stelle Wasser eintreten und an einer andern Stelle absaugen. Es ergab sich das Bild der Quellen-Senken-Strömung, wenn die Wasserschicht sehr dünn gehalten wurde.

[2] Dickere Wasserschichten sind verwendbar bei zäheren Flüssigkeiten. Wasser läßt sich in einfachster Weise durch eine Zuckerlösung zäher machen.

durch Schleppen auf gerader Platte entsteht. Der Zylinder besteht aus einem Drahtring. Die Strömung im Innern besteht aus einer Doppel-

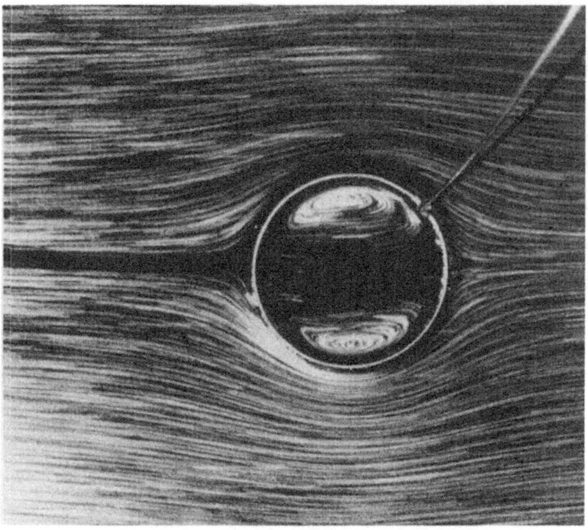

Abb. 40. Zylinderströmung mit Doppelquelle im Innern des als Versuchskörpers verwendeten Drahtringes.

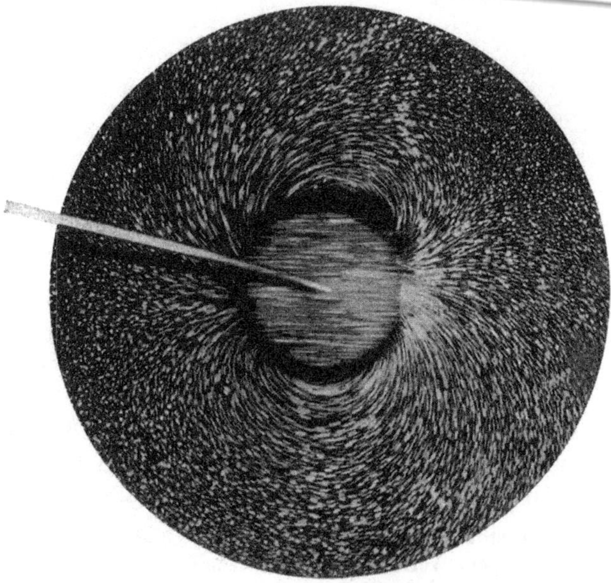

Abb. 41. Zwei Kreisbüschel (Doppelquelle) stellen die Absolutströmung der reibungsfreien Umströmung eines Kreiszylinders dar.

quelle, deren Zusammensetzung mit der Parallelströmung nach I, S. 32 die Zylinderströmung ergibt. Bei der ersten Abbildung sind die

Stromlinien wohl etwas gekrümmt, was indes bei Demonstrationsversuchen nicht viel stört, zumal störende Zentrifugalkräfte, wie z. B.

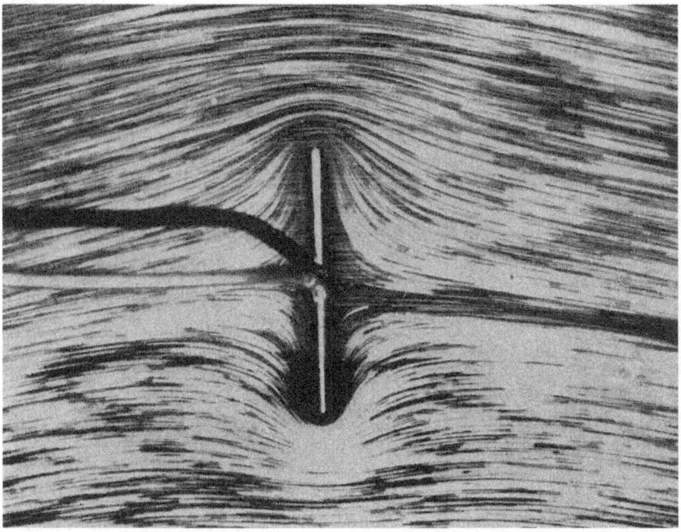

Abb. 42. Reibungsfreie Umströmung einer scharfen Platte.

beim Rundlauf hier nicht auftreten. Für die letzte Strömung wurden auch die Absolutstromlinien aufgenommen (Abb. 41). Das Bild ist dadurch entstanden, daß bei stillstehender Kamera der Zylinder geschleppt wurde. Die Stromlinien sind genau zwei Kreisbüschel. Die Strömung der Doppelquelle (zwei Kreisbüschel) muß nämlich bei der reibungslosen Strömung in Reinkultur sichtbar werden, sobald man die Beobachtungsstelle so einrichtet, daß die Parallelströmung abgezogen wird (I, S. 28; Abb. 31).

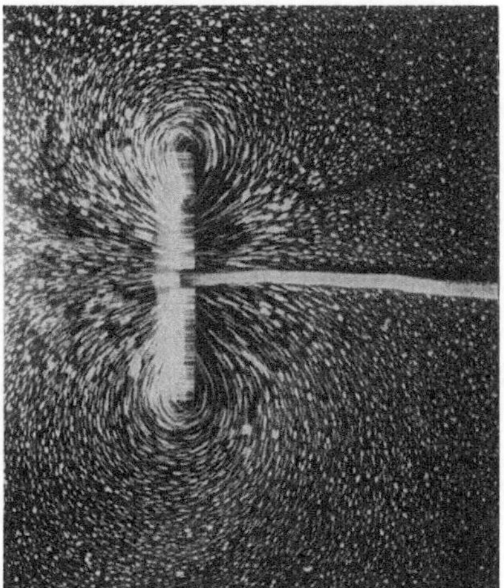

Abb. 43. Absolutstromlinien bei der Plattenströmung.

Die Umströmung einer Platte, dargestellt durch eine scharfe Nadel (Abb. 42), zeigt die reibungsfreie Umströmung einer scharfen Kante, ein dem natürlichen Empfinden nicht entsprechender Vorgang. Die Symmetrieverhältnisse lassen unmittelbar erkennen, daß keine Widerstandskraft auftreten kann. Das Absolutbild der Strömung Abb. 43 zeigt eine der Abb. 41 ähnliche Bewegung, die dadurch entsteht, daß in der Platte eine bestimmte Anordnung von Doppelquellen vorhanden ist. Der Weg, den der Körper während der Belichtungszeit durchlaufen hat, ist ebenso wie beim Zylinder deutlich zu erkennen und ergibt dadurch eine gewisse nicht vermeidbare Unschärfe der Körperkonturen.

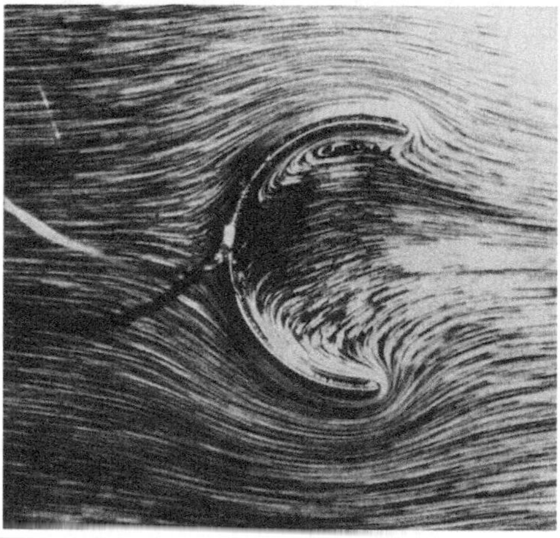

Abb. 44. Umströmung eines offenen Halbkreises (reibungslos).

Besonders eindrucksvoll ist die Rückströmung bei einem halbkreisförmigen Körper (ein halbkreisförmiger Draht). Die Strömung biegt an den scharfen Kanten tatsächlich um 180° um und ergibt das Bild von Abb. 44. Dreht man den Körper um 180°, so daß die Strömung in den Halbkreis direkt eintritt, so ergibt sich genau dasselbe Bild.

Abb. 45. Reibungsfreie Umströmung eines Drahtkammes.

Abb. 45 zeigt die Bewegung um einen Drahtkamm, eine Vorrichtung, die einmal eine Labyrinthdichtung veranschaulichen soll, dann aber auch das Idealbild der größten Wandreibung darstellt, die überhaupt vorkommen kann. Man erkennt, daß die Strömung alle Ecken umströmt und ideal reibungsfrei den Körper umschließt.

Um festzustellen, wie weit bei dieser Versuchsmethode mit einer Umströmung einer scharfen Kante gerechnet werden kann, wurde eine Zacke von Abb. 45 allein betrachtet und so vergrößert, daß die halbe Platte damit einfach versperrt wurde. Abb. 46 zeigt die Absolutstromlinien. Der Weg des Körpers während einer Bewegung — eine einfache Stricknadel wurde verwendet — ist deutlich zu erkennen. Man erkennt, daß die Strömung sich wieder ganz schließt, wobei die Flüssigkeit der halben Platte

Abb. 46. Umströmung einer scharfen Zacke. Absolutstromlinien der reibungsfreien Strömung.

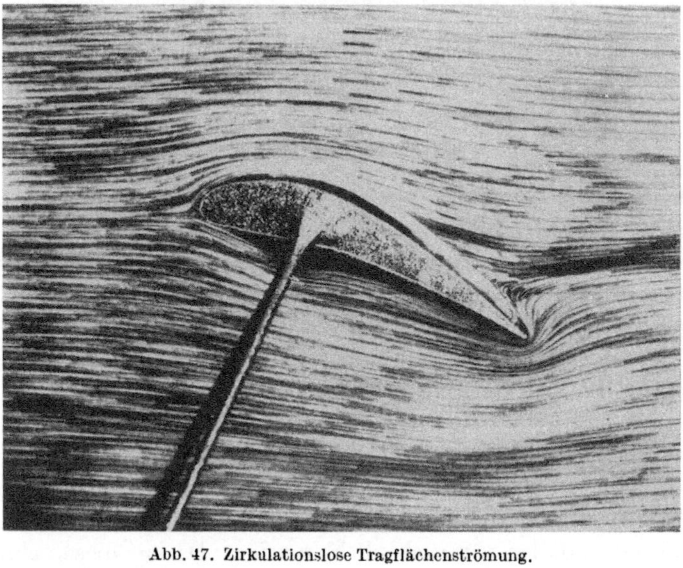

Abb. 47. Zirkulationslose Tragflächenströmung.

die scharfe Kante umfließen muß. Der Tragflügel (Abb. 47) ergibt hier das Bild der zirkulationsfreien, d. h. auftriebsfreien Strömung. Die hintere Kante wird umströmt, so daß auf der oberen Tragflügelseite ein Staupunkt entsteht. Man erkennt deutlich, daß die Strömung keine Ablenkung erfährt, ohne die bekanntlich kein Auftrieb entstehen kann.

Das Bild der Absolutstromlinien (Abb.48 ) zeigt den Anfahrwirbel und den Zirkulationswirbel. Während bei der wirklichen Strömung diese beiden Winkel nur einen Augenblick beim Anfahren zu erkennen sind (I, S. 98; Abb. 97), ist das Bild der Abb. 48 hier ein Dauerzustand. Zwei

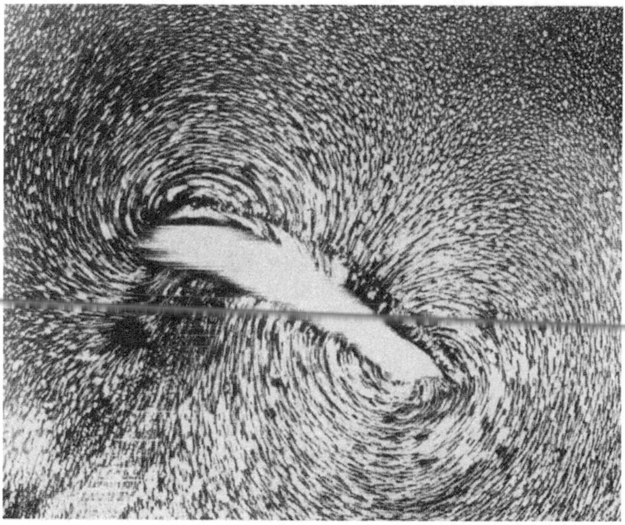

Abb. 48. Absolutstromlinien bei der Tragflächenströmung.

Wirbel von gleicher Stärke ergeben nach außen keinerlei Kraftwirkung, da ja die Gesamtzirkulation gleich Null ist. Wohl ist jedoch ein Drehmoment vorhanden und zwar in dem Sinne, daß die Strömung genau so wie bei der ebenen Platte bestrebt ist, den Körper quer zur Strömung zu stellen. Wenn man den Tragflügel so befestigt, daß er sich drehen kann, gibt er diesem Moment nach und man beobachtet auch hier ein Querstellen zur Strömung.

## III. Schauversuche mit freischwebenden Bällen.

Viele Gesetze der Strömungslehre können durch Versuche mit freischwebenden Bällen veranschaulicht werden. Da mit diesen einfachen Versuchen ein kurzer Gesamtüberblick über die wichtigsten Gesetze der Strömungslehre möglich ist, schien eine zusammenfassende Darstellung in einem besonderen Kapitel zweckmäßig.

Schon die Tatsache, daß der Ball im senkrechten Luftstrahl bleibt[1] und nicht herausfällt, gibt Anlaß zu einigem Nachdenken. Durch Drükken mit der Hand überzeugt man sich leicht von einer starken rückführenden Kraft. Diese Kraft kann nach Abb. 49 durch eine Federwaage einfach gezeigt werden. Bei einem Düsendurchmesser von 120 mm 15,5 m/sec Windgeschwindigkeit und einem Balldurchmesser von 310 mm konnte der Ball erst mit 120 g herausgezogen werden. Dies entspricht einem mittleren Staudruck von 1,6 mm WS bezogen auf die Kugelfläche. Drückt man den Ball so weit heraus, daß er mit der Strahlmitte abschließt, so ist mit der stat. Sonde des Prandtlschen Staurohres ein Unterdruck von 17 mm WS zu messen. In der Normallage geht dieser Unterdruck auf ca. 6 mm WS. zurück. Dieser Unterdruck hängt nach dem Bernoullischen Satz mit einer Geschwindigkeitsvergrößerung an der gleichen Stelle zusammen. Die größere Geschwindigkeit läßt sich durch Differenzdruckmessung mit dem Prandtlschen Staurohr ebenfalls leicht nachweisen.

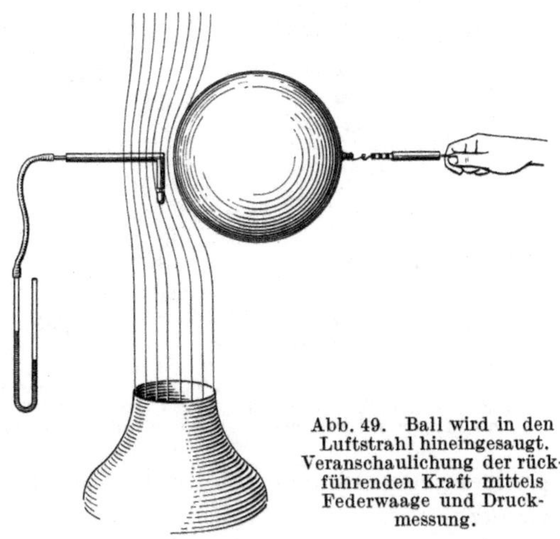

Abb. 49. Ball wird in den Luftstrahl hineingesaugt. Veranschaulichung der rückführenden Kraft mittels Federwaage und Druckmessung.

Der Widerstand des Balles ist genau gleich dem Gewicht, das 42 g beträgt. Der hieraus berechnete Widerstandskoeffizient

$$c = \frac{G}{q \cdot F} = \frac{42}{1{,}5 \cdot 750} = 0{,}0375$$

zeigt, daß ein Vergleich mit den uns bekannten Werten nicht möglich ist, weil der Strahl im Verhältnis zum Versuchskörper zu klein ist.

Ist der Balldurchmesser im Verhältnis zum Strahldurchmesser klein, so beobachtet man ein schnelles Herausfallen des Balles. Der Grund liegt im folgenden. Wenn ein kleiner Ball in einem größeren Strahl an den Rand wandert, sind die Geschwindigkeitsunterschiede und damit die Druckunterschiede auf der der Strahlachse gelegenen und der entgegengesetzten Seite um so kleiner, je kleiner der Ball ist. Der extreme Fall des sehr kleinen Balles ergibt schließlich eine so geringe seitliche Ausdehnung, daß der Strahl auf dieser Breite kaum mehr nennenswerte Geschwindigkeitsunterschiede und damit Druckunterschiede aufweist. Die rück-

[1] Verfasser gelang es, einen Ballon von 1,3 m Durchmesser mit einem Windkanal von 300 Strahldurchmesser im Freien 20 m hoch in Schwebe zu halten.

führenden Kräfte werden immer kleiner und schließlich überwiegen die Seitenkräfte, die durch die periodische Wirbelablösung hervorgerufen werden.

Mehrere Bälle schweben gleichzeitig im Luftstrahl. Bei annähernd gleicher Flächenbelastung erhält man nach Abb. 50 ein neckisches Spiel, indem die Bälle sich lebhaft bearbeiten. Der zwischen den Bällen entstehende düsenförmige Zwischenraum bedingt nach der Bernoullischen Gleichung ein Ansaugen, das nur gestört wird durch die periodisch abreißenden Wirbel, die periodisch wechselnde Querkräfte erzeugen. So kommt das gegenseitige Beklopfen zustande. Bei merklich ungleichen Flächenbelastungen schweben die Bälle übereinander.

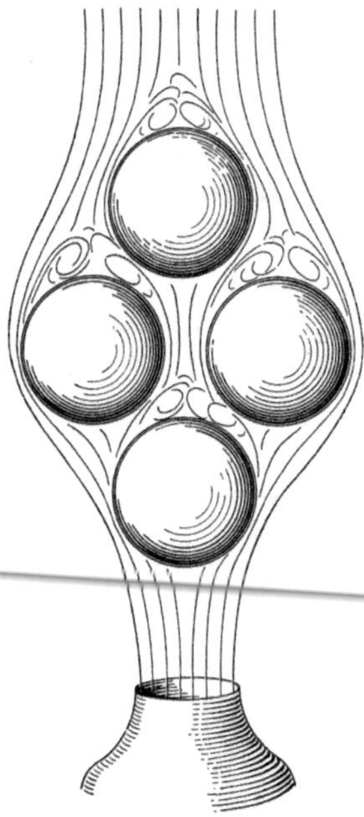

Abb. 50. Vier Bälle schwebend im senkrechten Luftstrom.

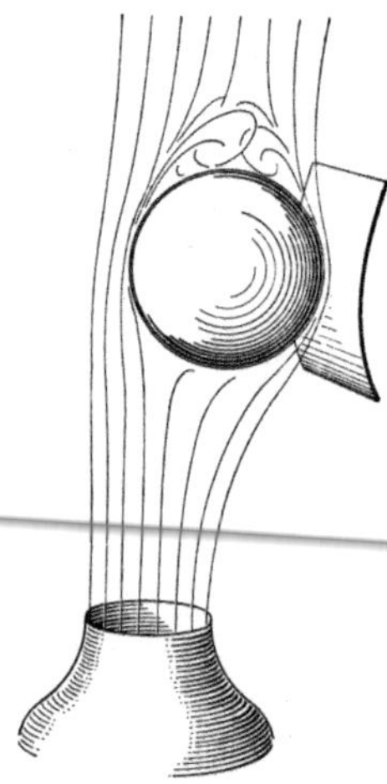

Abb. 51. Ansaugen und Heben eines freischwebenden Balles mit einer gewölbten Platte.

Wir nähern eine gebogene Platte dem Luftstrom (Abb. 51). Der Ball saugt sich sofort an der Platte fest. Heben wir die Platte, so geht der Ball mit. Bei vorsichtigem Experimentieren kann der Ball so 1—2 m gehoben werden (Bernouillisches Gesetz).

Weitere Beispiele für das Festsaugen von Bällen sind folgende. Eine kegelige Düse hält einen Ball (Cellonball) beinahe auf dem Sitz fest (Abb. 52). Der Ball fällt selbst dann nicht heraus, wenn man den Windkanal nach unten hält. Ein kegelförmiges Einsatzstück (Kork) wird ebenfalls angesaugt. Klebt man spiralförmig Fäden auf den Kegel, so rotiert der Kegel vollkommen frei. Ähnliches beobachtet man, wenn ein Ball (Tischtennisball) in ein kurzes zylindrisches Mundstück (Abb. 53) gebracht wird. Der Ball zittert, bleibt jedoch auf der Sitzfläche. Das Klappern und Ansaugen der Ventile wird durch diese Versuche einfach demonstriert. Auch diese Erscheinung ist mit Hilfe des Bernoullischen Gesetzes leicht zu erklären.

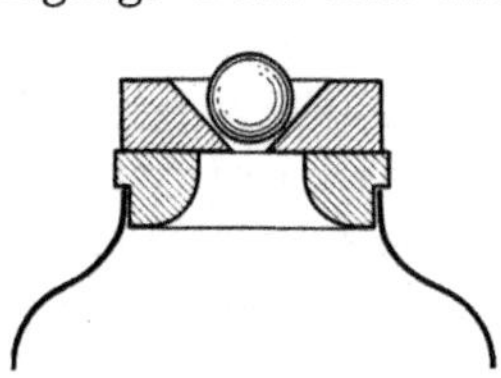

Abb. 52. Kleiner Ball wird in einer kegeligen Düse festgesaugt.

Neigt man den senkrecht stehenden Windkanal mit dem schwebenden Ball, so hält sich derselbe im schrägen Luftstrahl und entfernt sich seitlich weit mehr als vorhin in der Höhenlage[1]. Erst bei einer Neigung des Windkanals von 30—40° fällt der Ball herunter. Um uns über dieses sonderbare Verhalten Aufschluß zu verschaffen, tasten wir das Strömungsfeld mit einem Fadenkamm ab. Unter dem Ball hängen die Fäden schlapp herunter, während über dem Ball die Fäden sofort eine starke Strömung anzeigen. Man erkennt: Der Luftstrom geht, wie in Bd. I, S. 40; Abb. 42 angedeutet über und nicht unter dem Ball her. Hieraus folgt, daß der Ball angesaugt wird. Die über dem Ball vorhandene Übergeschwindigkeit bedingt nach Bernoulli einen Unterdruck bzw. Saugdruck. Ein einfaches Beispiel eines Auftriebes, der fast ausschließlich aus einer Saugkraft besteht, stellt sich uns hier vor.

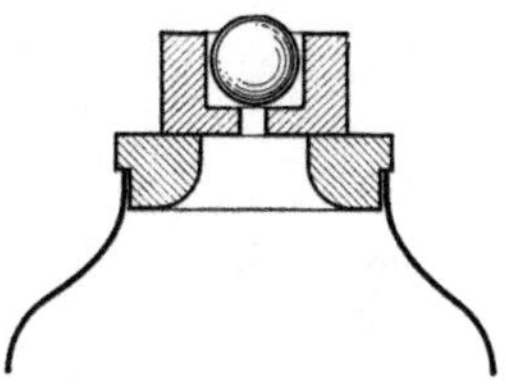

Abb. 53. Kleiner Ball wird in einem zylindrischen Düsenstück festgesaugt.

Halten wir den Fadenkamm vor den Ball und dann hinter den Ball, so beobachten wir eine starke Richtungsänderung des Luftstromes. Ein Auftrieb ist bekanntlich nach dem Impulssatz mit einer Richtungsänderung der Strömung verbunden[2].

Ein Luftstrom, der von einer Rohrleitung begrenzt wird, erleidet bedeutend geringere Verluste, wie der frei austretende Luftstrahl z. B. der eines frei ausblasenden Windkanals. Der Anfänger, der diese Tatsache meist mit Widerstreben glaubt, dürfte sich durch folgenden Versuch

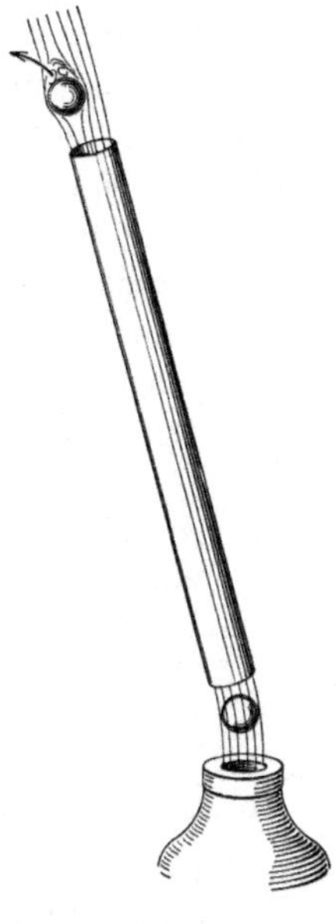

Abb. 54. Niedrig schwebender Ball schießt bei Annäherung einer Papprolle durch dieselbe.

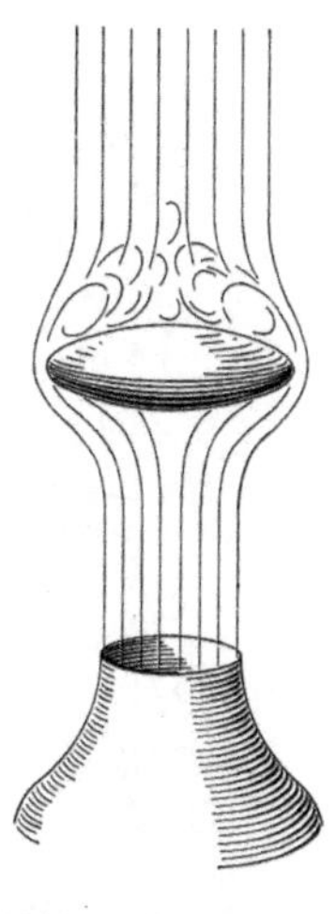

Abb. 55. Ovaler Ball stellt sich quer zum Luftstrahl ein.

[1] Nach den obigen Messungen war zum Herausdrücken des Balles aus dem Luftstrahl eine Kraft notwendig, die gleich dem ca. dreifachen Widerstand war. Das Verhältnis der Entfernungen bei senkrechter und schräger Lage ist ungefähr von derselben Größenordnung.

[2] Die genaue Durchrechnung eines derartigen Versuches befindet sich auf S. 40, Eck: Einführung in die technische Strömungslehre, Bd. I. Berlin: Julius Springer. 1935.

leicht belehren lassen. Wir verengen die Windkanaldüse auf 50 mm, so daß kleine Tischtennisbälle stabil im Luftstrahl bleiben. Die Windgeschwindigkeit wird so verringert, daß der Ball gerade über der Düse schwebt. Wir nähern dann nach Abb. 54 dem Ball eine Papprolle. Augenblicklich schießt der Ball durch die Rolle. Wir können den Ball auch von Hand auf die obere Rollenöffnung setzen, wo er schweben bleibt, ein Beweis, daß die notwendige Schwebegeschwindigkeit durch das Rohr ein großes Stück nach oben verschoben werden kann.

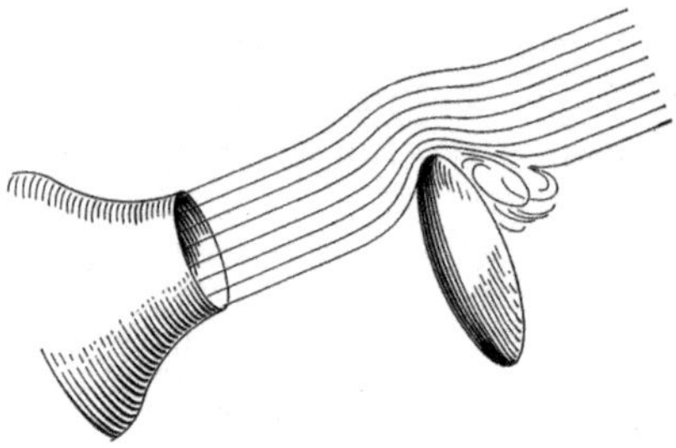

Abb. 56. Ovaler Ball hängt im schrägen Luftstrahl quer zur Strahlrichtung.

Für den folgenden Versuch verwenden wir einen aufblasbaren Gummiball mit Naht. Beim Aufblasen nimmt dieser Ball zunächst die Form eines flachen Rotationsellipsoides an. In dieser Form wollen wir den Ball in den Windstrom bringen. Wider Erwarten stellt sich der Ball quer zur Strömung ein (Abb. 55), d. h. er sucht sich selbst die Lage des größten Widerstandes aus, wie es auch von der in der Mitte drehbar gelagerten Platte bekannt ist. Eine wichtige Stabilitätserscheinung kann so leicht gezeigt werden. Der Ball behält selbst dann noch seine Lage bei, wenn wir den Windkanal neigen (Abb. 56). Der ovale Ball hängt vollkommen ruhig im schrägen Luftstrom.

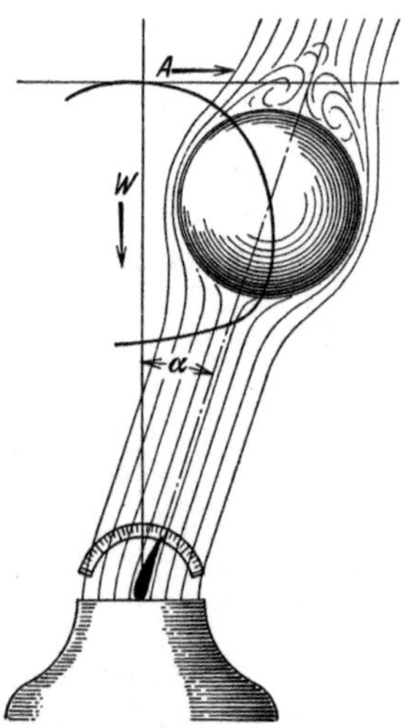


Abb. 57. Ablenkung eines frei schwebenden Balles durch Tragfläche. Bei Drehung der Tragfläche durchläuft der Ball eine der Polaren ähnliche Kurve.

Wir stechen durch den Luftstrahl einen Tragflügel, der drehbar gelagert ist und dessen Anstellwinkel durch irgendeine Anordnung beobachtet werden kann. Drehen wir den Tragflügel, so weicht ein im Luftstrahl schwebender Ball nach der Seite aus und sinkt gleichzeitig etwas. Der Weg, den der Kugelmittelpunkt bei Drehung der Tragfläche durchläuft, ist in Abb. 57 angedeutet. Diese Kurve ist, wie die nachfolgenden Überlegungen zeigen werden, ein ungefähres Bild der Polare des Flügels.

Der Auftrieb des Flügels kommt nach dem Impulssatz dadurch zustande, daß die Strömung eine Ablenkung erfährt. Ist der Ablenkungswinkel $\alpha$ und die Windgeschwindigkeit $w$, so ist die Auftriebskraft $A = q \cdot w \cdot \sin\alpha$, wo $q$ die sekundlich ausströmende Luftmasse ist. Man sieht, daß der Auftrieb in erster Näherung proportional dem Winkel $\alpha$

ist, d.h. auch proportional der Seitenablenkung des Balles. Der Widerstand des Tragflügels verursacht eine Verringerung der Strahlgeschwindigkeit und wird deshalb zur Folge haben, daß der Ball etwas sinkt. Die senkrechte Verschiebung ist somit ein Maß für den Widerstand des Flügels, so daß die Bewegungskurve tatsächlich der Polaren des Flügels ähnlich sein muß. Wenn der Flügel im Verhältnis zum Strahldurchmesser nicht zu groß ist, kann man sogar erreichen, daß nach Abreißen der Tragflächenströmung der Ball wieder zurückkommt, wie in Abb. 57 auch angedeutet ist.

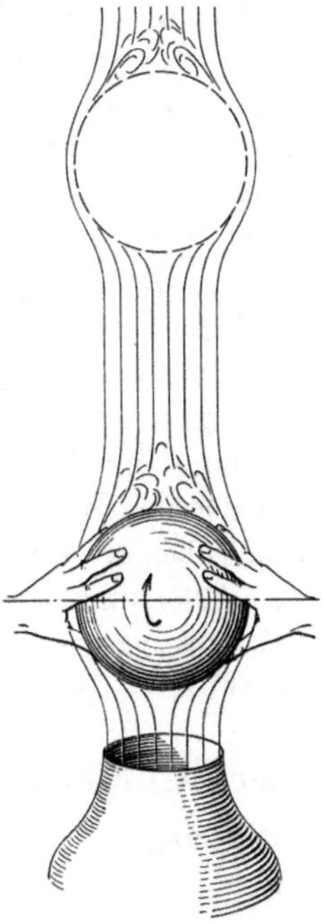

Abb. 58. Ball, um eine horizontale Achse rotierend, steigt im senkrechten Luftstrahl.

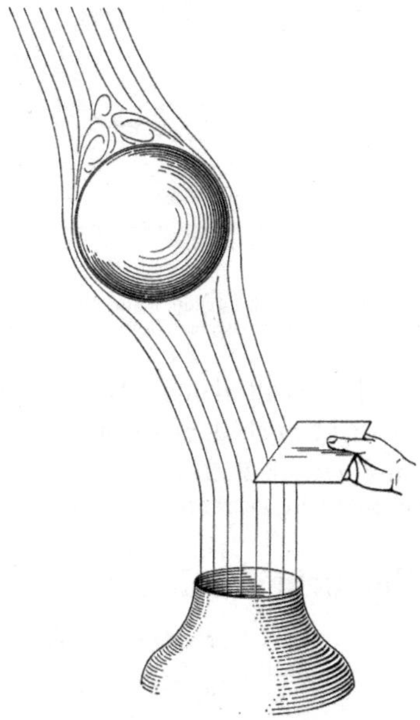

Abb. 59. Ablenkung eines freischwebenden Balles durch Berühren des Luftstrahles mit einer scharfen Platte.

Wir bringen wieder den Ball in den senkrechten Luftstrahl und geben ihm mit beiden Händen einen Drehimpuls um eine horizontale Achse (Abb. 58). Der Ball steigt um ca. 1—2 m, ein Zeichen, daß der Widerstand größer geworden ist. Es handelt sich um die Widerstandsvergrößerung beim Magnuseffekt. Die Seitenausweichung infolge der Querkraft ist bei diesem Versuch kaum festzustellen, weil nach den ersten Ausführungen schon sehr große Seitenkräfte nötig sind, um den Ball aus dem Strahl herauszubringen.

Wir nähern dem Strahl nach Abb. 59 eine scharfe Platte, die die Strahlgrenze eben berührt. Der Ball weicht nach der Seite aus. Nach dem Impulssatz ist diese Erscheinung leicht zu erklären. (Der Rückdruck, der unter der Platte um 90° abgelenkten kleinen Luftmasse bedingt eine gleich große Reaktionskraft auf die übrige Luftmasse, die somit etwas abgelenkt wird I; S. 34).

Wir lassen den Luftstrahl horizontal gegen eine Wand blasen. Es gelingt jetzt, einen Ball nach Abb. 60 in den Luftstrahl zu hängen. Ohne die Wand würde der Ball sofort herunterfallen und könnte nur durch einen in Windrichtung gespannten Faden, der den Widerstand aufnimmt, an den Strahl gesaugt werden. Hier bleibt der Ball in einiger Entfernung vor der Wand in Schwebe. Der Boden ist unwesentlich für den Versuch. Erklärung: Durch die Umlenkung des Strahles um 90° wird an der inneren Krümmung eine große Geschwindigkeit und damit ein Unterdruck entstehen der den Ball ansaugt. Ohne Ball verteilt sich der Strahl symmetrisch nach oben und unten. Der Ball bewirkt nach dem Impulssatz eine einseitige Ablenkung nach oben.

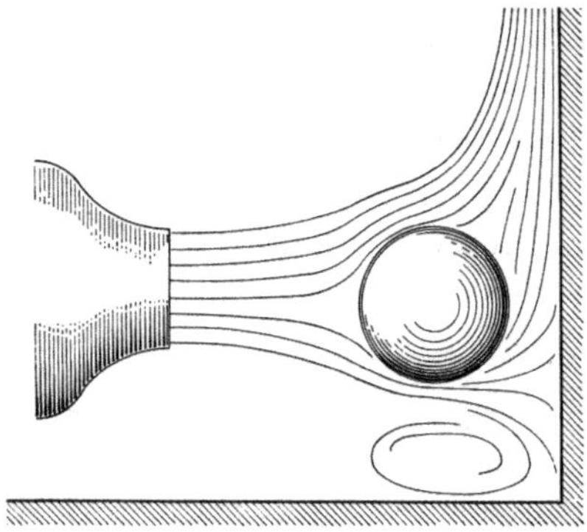

Abb. 60. Horizontal gegen Wand blasender Luftstrahl hält Ball vor der Wand in Schwebe.

Einige weitere Ballversuche konnten aus dem Zusammenhang mit auderen Versuchen nicht getrennt werden und befinden sich auf S. 53, 54 u. 60.

# IV. Versuche zu den Grundgesetzen der Strömungslehre.

## 1. Versuche zur Bernoullischen Gleichung.

### a) Schau- und Meßversuche.

Das Zusammenspiel von Druck und Geschwindigkeit, zahlenmäßig durch die Bernoullische Gleichung erfaßt, kann durch viele Versuche leicht veranschaulicht werden.

Auf den Windkanal wird nach Abb. 61 eine kleine Düse von 50 mm ∅ aufgesetzt. In dem so verengten Querschnitt ergeben sich höhere Geschwindigkeiten. Außerdem hat diese Verengung den Vorteil, daß die im folgenden benutzten Apparate kleiner und handlicher werden.

Ein konisch erweitertes Rohr (Erweiterungswinkel etwa 8°) wird in die 50 mm ∅-Öffnung gesteckt. Messen wir den Druck an der engsten Stelle, so stellen wir einen erheblichen Unterdruck fest (∼ 120 mm WS). Der engste Querschnitt weist die größte Geschwindigkeit auf. In der nachfolgenden Erweiterung wird die Geschwindigkeit kleiner, während der Druck wächst, bis an der Austrittsöffnung der Druck der Umgebung erreicht wird, d. h. der Unterdruck verschwunden ist.

Selbst wenn wir das konische Rohr abnehmen und in den freien Strahl halten, zeigt sich noch ein Unterdruck. (Kontraktion infolge scharfkantigem Eintritt.) Sehr eindrucksvoll läßt sich derselbe neben Druckmessungen auch dadurch nachweisen, daß man die Flammensonde dem Strahl nähert. Die Gasflamme wird angesaugt, selbst wenn die Sonde noch etwa 200 mm entfernt ist (Abb. 62).

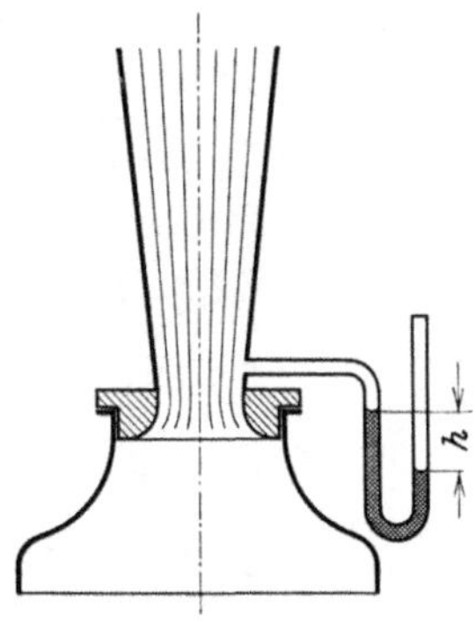


Abb. 61. Unterdruck in konisch erweiterter Düse zum Nachweis des Bernoullischen Satzes.

Sehr wirkungsvoll ist das Ansaugen einer Platte von einem Luftstrahl. Abb. 63. Die Hauptdüse des Windkanals wird wieder durch die kleine Düse auf 50 ∅ mm verengt. Hält man nun eine Kreisplatte (Karton oder dünnes Blech) in den Luftstrahl, so merkt man deutlich den starken Luftwiderstand. Die Platte wird gegen die flache Hand gedrückt. Nähert man dann die Platte langsam der Düse, so verspürt man ein plötzliches Nachlassen der Kraft, bis schließlich die Platte vom Luftstrahl angesaugt wird. Ein kleiner Luftspalt bleibt zwischen Platte und Düse bestehen.

Wodurch kommt dieses merkwürdige Verhalten zustande? Auf einem Radius bringen wir verschiedene kleine Löcher an (Grat entfernen!), um den Druckverlauf zu messen. Damit die Platte während der Messung eine feste Lage hat, leimen wir etwa drei radiale Stäbchen (Streichholzstärke) auf die untere Seite. Mit dem glatt abgeschnittenen Manometerschlauch tasten wir dann die einzelnen Meßstellen ab. Das Ergebnis ist in Abb. 63 über der Platte aufgetragen. Im Düsenquerschnitt beobachten wir einen Überdruck, am inneren Spaltring jedoch einen großen Unterdruck, der nach dem äußeren Rande zu bis auf den Atmosphärendruck sinkt. Nach dem Bernoullischen Satz ist dies leicht zu erklären. Im Düsenquerschnitt ist die Geschwindigkeit sehr klein, so daß der Druck sehr groß sein muß, im inneren Spaltring ist die Querschnittsfläche am kleinsten, d.h. die Geschwindigkeit am größten und der Druck am kleinsten. Die Ringquerschnitte nehmen nach außen proportional dem Radius zu, die Geschwindigkeiten entsprechend ab. Da im Austrittsquerschnitt Atmosphärendruck herrscht, nimmt der Unterdruck bis auf Null ab. Verfolgt

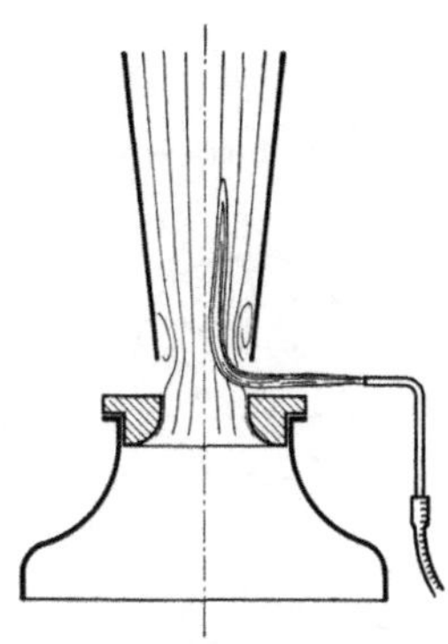

Abb. 62. Ansaugen einer Flamme in eine konisch erweiterte Düse.

man ein Luftteilchen vom Innern der Düse bis nach außen, so ist sein Schicksal genau dasselbe wie bei der Düse nach Abb. 61.

Die Kraftverhältnisse können nun leicht übersehen werden. Der mittlere Überdruck drückt die Platte nach außen, während auf dem ganzen Ringquerschnitt eine Saugkraft vorhanden ist. Die Saugkraft wird um so größer, je kleiner der Spalt wird. Bei einer Stellung ist die Gesamtkraft gleich Null bzw. gleich dem Plattengewicht.

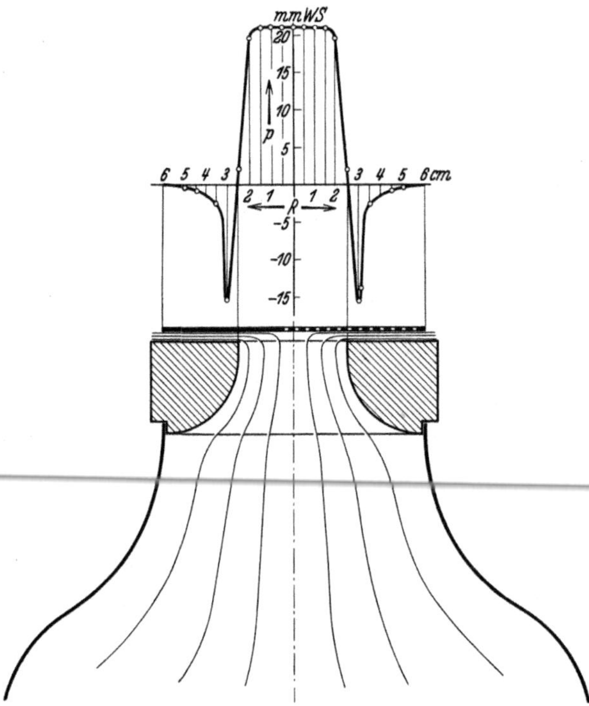


Abb. 63. Druckverteilung auf einer Platte, die auf eine Düse angesaugt wird.

Drückt man leicht mit dem Finger auf die Platte, so merkt man deutlich, daß die Luftschicht federt und ein Luftkissen bildet, ein Verhalten, das nach den eben geschilderten Kraftbeziehungen einleuchtend ist. Versieht man die Kreisscheibe nach Abb. 64 mit spiralförmig nach außen gehenden Fäden, so entsteht ein frei rotierender Turbinenläufer. Die seitliche Ausweichung verhindert man zweckmäßig durch eine dünne Führungsstange, die durch eine mittlere größere Bohrung gesteckt wird. Die freie Rotation bleibt selbst dann noch aufrechterhalten, wenn man den Windkanal zur Seite oder nach unten neigt.

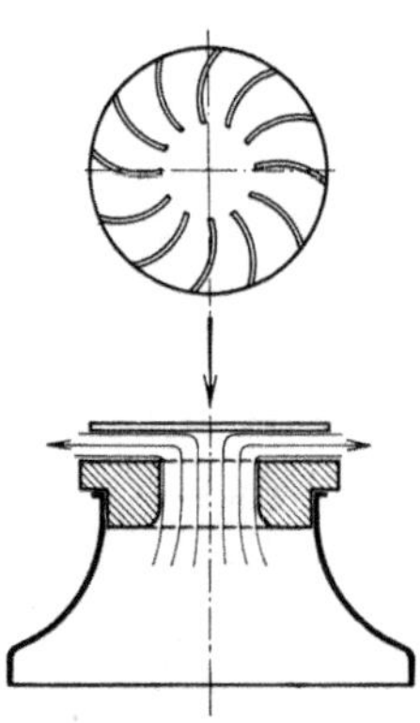

Abb. 64. Frei rotierender Turbinenläufer, bestehend aus einer Platte, auf die spiralförmig Fäden aufgeklebt sind.

Bemerkt sei, daß der Versuch auch ohne Windkanal möglich ist, indem man in eine entsprechend geformte Düse (etwa aus dünnem Papprohr geleimt) mit dem Munde bläst, oder indem man von einem Wasserhahn ein 1-Pfennig-Stück ansaugen läßt. Die für den Schüler aufschlußreichen Druckmessungen sind jedoch hier nicht möglich.

Es leuchtet ein, daß die Düse eine endliche „Sitzbreite" haben muß. Macht man z. B. den Versuch ohne die eingesetzte 50er Düse, so bleibt die Wirkung aus.

Sehr lästig wird diese Erscheinung bei Ventilen (siehe Abb. 52 u. 53). Unter Umständen können hier sehr unangenehme Schwingungen auftreten. Nutzbar verwertet wird der Effekt bei verschiedenen Unterwasserschallapparaten.

Wir bringen nach Abb. 65 einen Stromlinienkörper, etwa an einem Stativ befestigt, in den Luftstrom. Der Körper hat nach Abb. 65 in

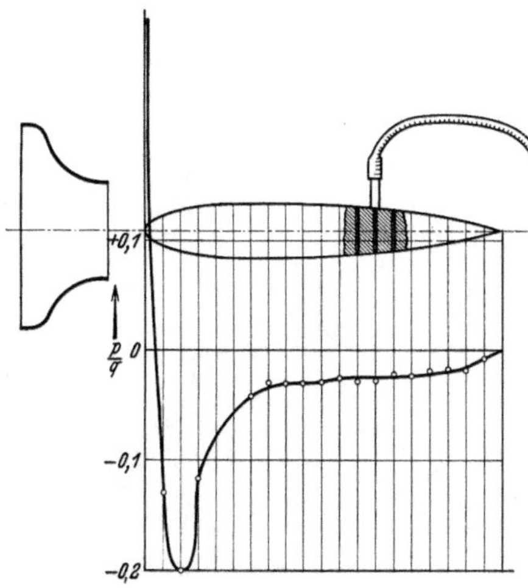


Abb. 65. Druckverteilung entlang eines Stromlinienkörpers.

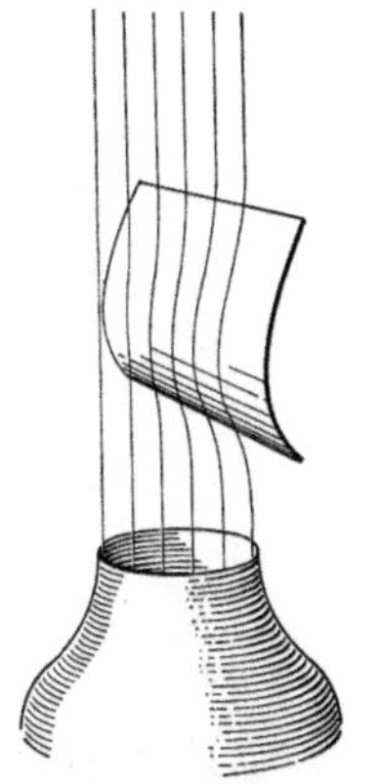

Abb. 66. Ansaugen einer gewölbten Platte durch den Luftstrom.

gleichen Abständen Bohrungen, damit der Druck an einer Stelle durch Aufsetzen des Manometerschlauches an der entgegengesetzten Stelle leicht ermittelt werden kann. Die über der Längsachse aufgetragenen Drücke zeigt Abb. 65. Der Druckverlauf ist sehr ähnlich dem Druckverlauf bei der geschlossenen Düse (Abb. 69). Dort handelt es sich um einen durchströmten Körper, hier um einen umströmten Körper. In jedem Falle kann aus dem Druck auf die an Ort und Stelle vorhandene Geschwindigkeit nach dem Bernoullischen Satz geschlossen werden. Dort wo der Druck groß ist, ist die Geschwindigkeit klein und umgekehrt. Die stetige Verkleinerung des Unterdruckes ist ein Zeichen dafür, daß Geschwindigkeit in Druck umgesetzt worden ist.

Bringt man nach Abb. 66 ein leicht gebogenes Blech an den Luftstrahl, so bemerkt man ein starkes Ansaugen. Durch die Wölbung des Bleches tritt nach I. S. 15 eine lokale Geschwindigkeitserhöhung ein. Diese bedingt jedoch nach dem Bernoullischen Gesetz einen Unterdruck, d. h. Ansaugen der Platte. Mit zwei Platten kann man sogar ein Zusammenklappen erreichen. Hält man eine Flamme in den Luftstrom, so beobachtet man sehr deutlich die Ablenkung durch die gewölbte Platte (Abb. 67).

Zwischen zwei Stricknadeln spannen wir ein Stück Stoff oder Papier. Hält man nach Abb. 68 die Stofffläche ungespannt in einiger Entfernung vom Luftstrahl, so wölbt sich die Fläche nach dem Strahl zu.

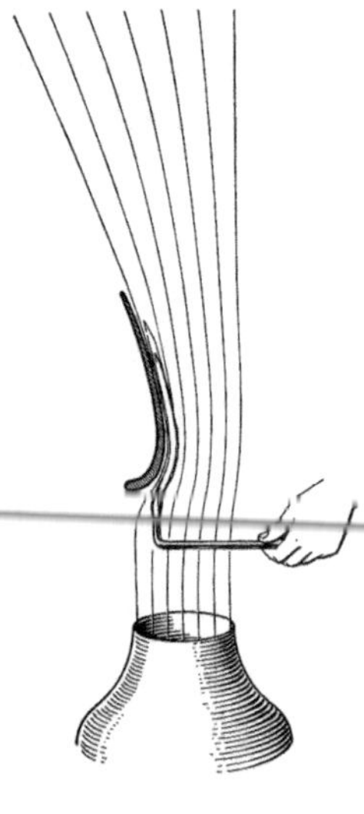

Abb. 67. Ansaugen einer gewölbten Fläche durch den Luftstrahl. Untersuchung der Strömung durch Flammensonde.

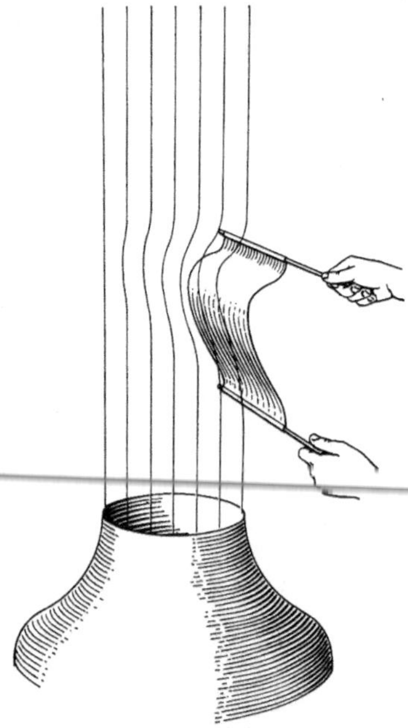

Abb. 68. Eine zwischen zwei Stielen lose gehaltenes Stück Stoff wölbt sich nach dem Luftstrom.

Im Luftstrom selbst flattert die „Fahne“ hin und her, ein an und für sich trivialer Versuch, der deshalb eine gewisse Beachtung verdient, weil die von Prandtl angegebene Instabilität der Trennflächen hiermit leicht gezeigt werden kann.

## b) Verstellbare Düse.

Einen Gesamtüberblick über das Verhalten von beschleunigter und verzögerter Strömung erhält man sehr schön mit folgender Anordnung (Abb. 69). Die Windkanaldüse wird durch einen düsenförmigen Einsatz auf einen rechteckigen Querschnitt $35 \times 70$ mm stetig verengt. Eine verstellbare Düse wird nun dadurch gebildet, daß die obere Begrenzung des rechteckigen Querschnittes nach oben und unten schwenkbar ist. Die vordere Abdeckung bildet eine Glasscheibe, während die untere Wand eine Reihe Anbohrungen zur Druckmessung enthält. Jede Anbohrung enthält eine Glasröhre, die alle in einem unteren Sammelrohr vereinigt sind. Das letztere steht durch einen Schlauch mit einer Tubusflasche in Verbindung. Füllt man eine Flüssigkeit ein, am besten gefärbten Alkohol, so steht das Niveau in Flasche und Meßröhren gleich hoch. Eine verschiebbare linealförmige Markierung gestattet, immer den Druck Null festzuhalten.

1. Stellung: Die verstellbare Zunge wird so eingestellt, daß ein Kanal von gleichbleibendem Querschnitt entsteht. Der Druck nimmt linear bis auf Null ab, entsprechend dem Druckabfall einer Rohrleitung.

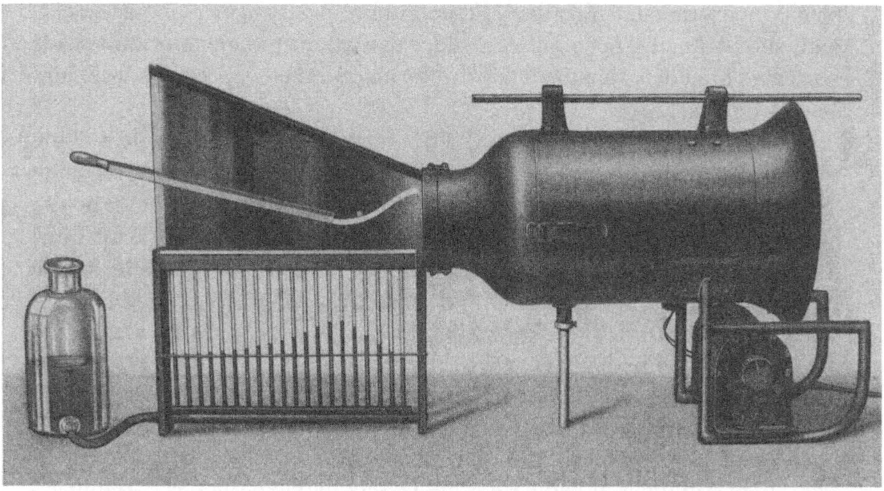

Abb. 69. Verstellbare Düse mit Reihenmanometer. Günstigster Düsenwinkel.

2. Stellung: Die Zunge wird nach unten gelegt, so daß ein verengter Kanal entsteht. Der Druckabfall ist jetzt noch stärker wie vorher, da außer dem Reibungswiderstand noch kinetische Energie aus dem Druck entnommen werden muß. Hält man einen Fadenkamm, Flammensonde, od. dgl. in den Kanal, so überzeugt man sich leicht, daß die Strömung „gesund" ist. Bei beschleunigter und nicht beschleunigter Strömung ist dies bekanntlich immer der Fall, sofern keine scharfen Kanten vorhanden sind.

3. Stellung: Die Zunge wird jetzt etwas über die 1. Lage gelegt und zwar so, daß der Druck überall auf der Null-Linie liegt. Bei einer ganz kleinen Erweiterung ist dies der Fall. Der Druckabfall durch Reibung ist jetzt genau so groß wie der Druckgewinn

*infolge der Verzögerung.* Aus dem Erweiterungswinkel kann leicht der Reibungskoeffizient ermittelt werden. Angenähert gilt $\lambda = 2 \cdot \alpha$, wobei $\alpha$ der Erweiterungswinkel in Bogenmaß ist. Eine Messung ergab $\alpha = 0{,}01$, d.h. $\lambda = 0{,}02$[1]. Bei manchen praktischen Anwendungen, z. B. Windkanälen mit geschlossener Meßstrecke, ist der „Gleichdruckkanal" sehr wichtig.

4. *Stellung:* Wir vergrößern jetzt den Erweiterungswinkel und beobachten sogleich einen großen Unterdruck im engsten Querschnitt. *Durch Verschieben der Zunge läßt sich leicht die Stellung finden, bei der der Unterdruck am größten ist.* Abb. 69 zeigt die Druckkurve, die charakteristisch für erweiterte Düsen ist. Vor der engsten Stelle liegt die Druckkurve unter der Null-Linie, hier ist also Überdruck vorhanden. Mit dem Fadenkamm überzeugen wir uns leicht, daß die Strömung noch anliegt. Mit diesem Experiment erhalten wir experimentell den günstigsten Erweiterungswinkel. Es ergibt sich hier $\alpha \sim 13°$.

5. *Stellung:* Die Zunge wird jetzt ganz nach oben gelegt, so daß ein sehr großer Erweiterungswinkel entsteht. Der Unterdruck an der engsten Stelle geht fast ganz zurück; gleichzeitig steigt der Überdruck vor der Verengung, ein Zeichen, daß die Verluste gestiegen sind. Die Null-Linie ist bereits vor dem Endquerschnitt erreicht. Halten wir den Fadenkamm vor den Austrittsquerschnitt, *so erkennt man im oberen Teil eine Rückströmung.* Die Strömung ist, wie man sagt, abgerissen und schießt ohne nennenswerte Druckumsetzung durch. In Bd. I, S. 70 sind bereits die Gründe für dieses Verhalten eingehend dargelegt worden.

Gerade die Versuche mit der verstellbaren Düse dürften geeignet sein, dem Anfänger äußerst wichtige Gesetzmäßigkeiten der Strömungslehre verständlich zu machen, zumal beim Rohrproblem die Grundlagen der Strömungslehre viel einfacher darzustellen sind wie bei umströmten Körpern.

6. *Stellung* (Widerstandsmessungen): Bei paralleler Stellung der Zunge kann der so gebildete rechteckige Kanal auch dazu dienen, die Widerstände der verschiedenen Körperformen durch Druckmessungen zu veranschaulichen. Durch Einsetzen einer neuen geraden Zunge kann die ganze Kanallänge ausgenutzt werden. Zu diesem Zwecke wird z.B. ein zylindrischer Körper zwischen die Wände geschoben. (Die Körper sind aus Kork leicht zu formen. Durch Aufkleben mit etwas Schwammgummi kann ein einfaches Klemmen erzielt werden.) Der Druckverlauf ist aus Abb. 70 zu erkennen. Vor dem Zylinder ist Überdruck; an der Verengungsstelle zeigt sich ein Unterdruck, der ein Stück lang erhalten

[1] Diese Messung dürfte die einfachste Bestimmung des Rohrreibungskoeffizienten sein, die überhaupt durchführbar ist.

bleibt und dann langsam verschwindet. Dort wo die Druckkurve sich wieder der Nullinie nähert, ist der Totwasserraum wieder geschlossen.

Wir schieben jetzt einen Abflußkörper hinter den Zylinder. Sofort ändert sich die Druckkurve erheblich. Der maximale Unterdruck ist jetzt viel größer und wird dann im Gegensatz zu vorhin langsam kleiner, ein Zeichen, daß die hohe Geschwindigkeit sich wieder in Druck umsetzt. (Vgl. auch I, S. 129, Abb. 149.)

Es läßt sich zeigen, daß der Überdruck am Anfang der Meßstrecke ein Maß für den Widerstand des eingesetzten Körpers ist. Wir wenden zu diesem Zwecke den Impulssatz auf den Kanal an und grenzen einen solchen Bereich ab, daß der Meßkörper in der Mitte steht und an den Gren-

**Abb. 70. Veranschaulichung des Widerstandes durch Messung der Druckverteilung im geschlossenen Kanal.**

zen die Strömung wieder ausgeglichen ist. Eine Impulsänderung ist in diesem Falle nicht vorhanden, so daß der Widerstand des Körpers gleich dem Druckverlust erweitert mit der ganzen Kanalfläche ist. Unabhängig von der Größe der Körper ist also die Widerstandskraft immer proportional dem Druckverlust. Der Vergleich hat natürlich nur bei gleicher Mittelgeschwindigkeit Zweck. Zur Einstellung dieser Mittelgeschwindigkeit kann bei abgerundeten Körpern gleichen Durchmessers unmittelbar die Differenz zwischen höchstem Unterdruck an der engen Stelle und dem Überdruck vorher gewählt werden. Genauer ist natürlich eine Differenzdruckmessung zwischen der Windkanaldüse und der Düsenvorkammer.

## 2. Versuche zum Impulssatz.

Außer den im I. Band bereits angeführten Versuchen zum Impulssatze, sowie einigen in anderen Abschnitten verstreuten Beispielen, seien noch einige weitere angeführt.

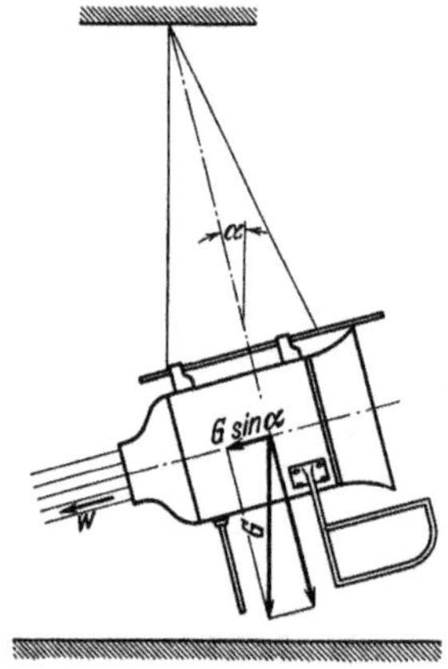


Abb. 71. Rückdruck des Luftstrahles, durch Auslenkung des pendelnd aufgehangenen Windkanales nachgewiesen.

Hängt man den ganzen Windkanal an einem Bindfaden an der Decke (oder einem Stativgalgen) auf, so beobachtet man eine Auslenkung $\alpha$ nach Abb. 71. Die Rücktriebkraft ist gleich $q \cdot w$, wobei $q$ die sekundlich angesaugte Luftmenge und $w$ die Windgeschwindigkeit ist. Ist $G$ das Gewicht des Windkanals, so ist $G \cdot \sin\alpha = q \cdot w = F \varrho w^2$. Hieraus $w = \sqrt{\frac{G \cdot \sin\alpha}{F \cdot \varrho}}$, d.h. aus dem Winkel $\alpha$ kann die Windgeschwindigkeit ermittelt werden.

Auch die Umkehrung des Versuches ist sehr lehrreich. Den Strahl des senkrecht stehenden Windkanals lenke man mit einer Platte, die größer als die Düse ist, um 90° um. Die von Hand leicht geführte Platte belaste man solange mit Gewichten, bis ein Schweben eintritt (Abb. 72). Nach

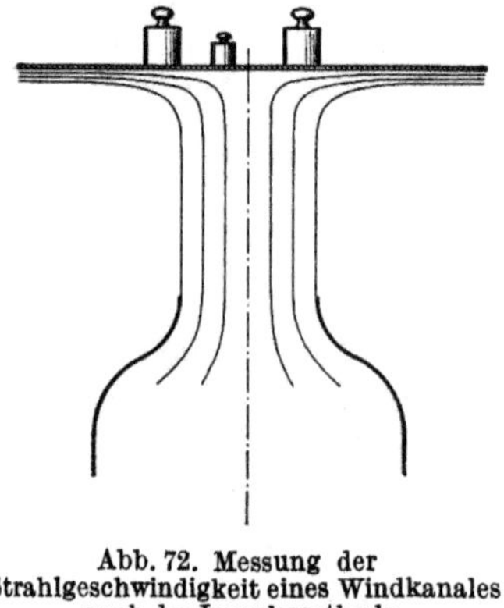

Abb. 72. Messung der Strahlgeschwindigkeit eines Windkanales nach der Impulsmethode.

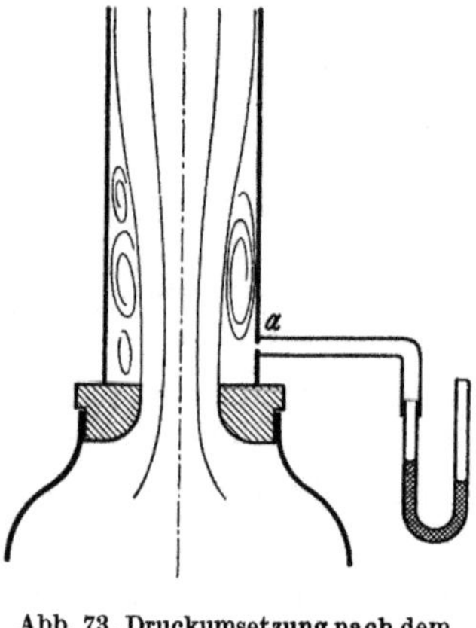


Abb. 73. Druckumsetzung nach dem Impulssatz bei Stoßverlusten.

dem Impulssatz ist das Gesamtgewicht $G = q \cdot w = \varrho F \cdot w^2$, d.h. $w = \sqrt{\frac{G}{\varrho \cdot F}}$; hieraus ist ebenfalls $w$ zu bestimmen. Eine Messung ergab ein Gesamtgewicht von 0,45 kg. Hieraus ergibt sich $w = \sqrt{\frac{G}{\varrho \cdot F}} = \sqrt{\frac{0{,}45 \cdot 8}{112 \cdot 10}}$

= 18 m/sec. (Diese Rückdruckmethode zur Geschwindigkeitsmessung spielt bei der Untersuchung von Dampfturbinendüsen eine gewisse Rolle.)

Der Rückdruck, den der auf S. 56 beschriebene Doppelkrümmer aufweist, ist ein weiteres ähnliches Beispiel. Wenn man den Doppelkrümmer nur lose in die Düse steckt, so rotiert er. (Segnerisches Wasserrad.)

Die durch Stoß entstehenden Druckverluste gestatten nach Bd. I, S. 39 eine genaue rechnerische Ermittlung nach dem Impulssatz. Einige charakteristische Versuche können mit einfachen Mitteln durchgeführt werden. Setzt man z.B. ein kurzes Stück Rohr (z.B. einfaches Papprohr), dessen Durchmesser größer, als der der kleinen Düse ist, auf den Windkanal Abb. 73, so stellt man bei *a* einen Unterdruck fest. Verlängert man das Rohr, so erhält man schließlich den Druck Null und bei größeren Längen einen Überdruck. Bei kurzen Rohrstücken erreicht man, daß die Strömung gerade wieder den Endquerschnitt ausfüllt, so daß bei *a*, wie hinter der Normaldüse ein Unterdruck vorhanden ist. Bei größeren Längen tritt dann der Rohrwiderstand in Erscheinung, der von einer gewissen Länge ab größer wie der Unterdruck ist, so daß die Druckanzeige bei *a* schließlich wieder positiv ausfällt.

### 3. Versuche zur Zirkulationstheorie.

Das Verhalten einer sich drehenden Flüssigkeit bzw. einer Flüssigkeit, die sich um irgendwelche Körper bewegt, d.h. die allgemeine Wirbelbewegung ist eine der Hauptbausteine der Strömungslehre. Es lohnt sich deshalb, typische Eigenschaften dieser Bewegungsform durch einige Versuche verständlicher zu machen.

Zum Studium dieser Vorgänge benutzen wir eine Walze, die nach Abb. 74 durch zwei Motore angetrieben wird und federnd an einem Stativ befestigt wird. Die Umfangsgeschwindigkeit beträgt ca. 35 m/sec.

Wir lassen die Walze zunächst allein laufen und untersuchen mit einer Sonde bzw. der Seitenöffnung des Prandtlschen Staumessers die Druckverhältnisse. Je mehr wir uns der Walze nähern, um so größer wird der Unterdruck. Die Messung ergab ca. 12 mm WS Unterdruck.

Gut veranschaulichen läßt sich derselbe auch dadurch, daß man ein Kartonstück nach Abb. 75 unter die Walze bringt. Es wird sogleich an die Walze angesaugt. Mit Fäden läßt sich die Wirkung gleichfalls zeigen. Ein leichter Gummiball wird ebenfalls von der Walze angesaugt.

Nunmehr stellen wir die rotierende Walze vor die Windkanaldüse und beobachten die Wirkung im Luftstrahl. Zunächst erkennt man, daß sich die pendelnd aufgehangene Walze, die vorher senkrecht hing, schief stellt, was auf einen Rückdruck auf die Strömung schließen läßt. Mit dem Fadenkamm oder auch mit der Flammensonde stellen wir fest, daß der Luftstrahl an der rotierenden Walze um ca. 90° umgelenkt wird. Äußerst eindrucksvoll ist der Nachweis dieser Erscheinung, wenn man nach Abb. 74 einen leichten Gummiball in den Luftstrahl bringt. Er schwebt senkrecht über der Walze in einer Höhe von 1—2 m. Verringert man die Geschwindigkeit des Windkanals, so neigt sich der Strahl noch weiter nach hinten, um schließlich um 180° umzuschlagen. Aus diesen Versuchen geht sehr deutlich hervor, daß die Zusammensetzung einer Wirbelströmung mit einer Parallelströmung eine Ablenkung des Luftstrahles und damit eine Auftriebskraft ergibt.

Ein einfacherer Versuch zum „Magnuseffekt" ist in Abb. 76 dargestellt. Eine Walze, die von Hand aus

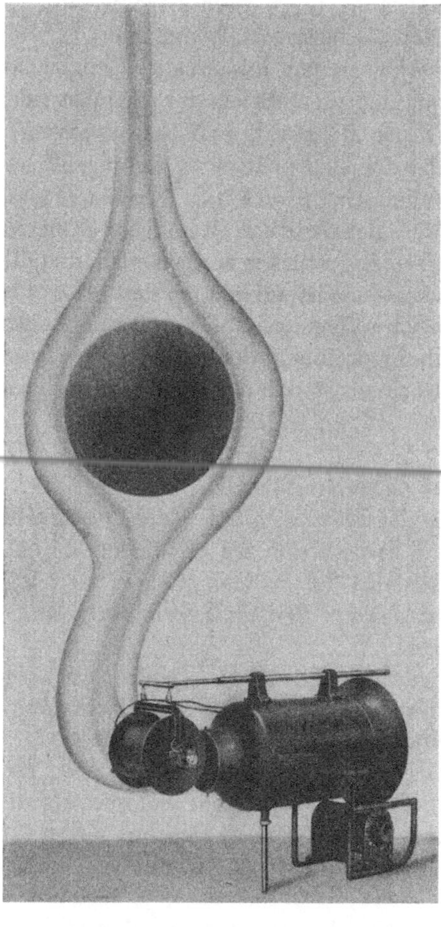

Abb. 74. Umlenkung eines Luftstrahles um 90° durch schnellaufende Walze. Veranschaulicht durch freischwebenden Gummiball.

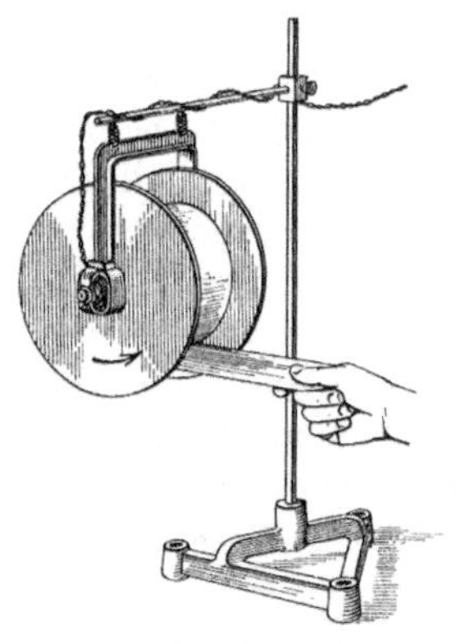

Abb. 75. Anziehen einer Fläche durch rotierende Walze.

einen Drehimpuls erhält, dreht sich im Luftstrom um die zum Luftstrom parallele Achse. Bei Änderung des Drehsinnes der Antriebswalze ändert auch die zweite Drehung ihre Richtung.

Wir klemmen nunmehr die Walze fest, so daß das Ganze sich nur mehr um die vertikale Achse drehen kann. An einer Seite der Walze befestigen wir eine kleine Holzleiste (z. B. durch Rundgummi). Im Luftstrom dreht sich nun das Ganze jetz so, daß die Leiste nacheilt. Bringen wir die Leiste auf die andere Seite, so ändert sich die Drehrichtung. Wie kommt der Auftrieb auf die Walze hier zustande? Die Beantwortung ist sehr einfach. Es handelt sich um denselben Vorgang wie bei der Flügelendklappe. Auf einer Seite wird durch das Hindernis eine Verkleinerung der Geschwindigkeit erzeugt, so daß selbst bei gleichbleibender Geschwindigkeit der anderen Seite bereits eine Zirkulation entsteht.

Auch an der Auftriebswaage kann dies nachgewiesen werden. Bringt man z. B. einen Zylinder in den Luftstrom, und hält mit der Hand eine Leiste unter denselben, so schlägt die Auftriebswaage aus.

Abb. 76. Magnuseffekt. Eine von Hand einmalig angetriebene Walze dreht sich umeine zum Luftstrom parallele Achse.

Die Erzeugung eines Stabwirbels in Reinkultur gelingt sehr einfach durch ein sog. Spiralgehäuse. Das Gehäuse wird auf eine viereckige Düse aufgesetzt, die auf die runde Windkanaldüse gesteckt wird. In der Mitte hat das Gehäuse eine kreisförmige Öffnung, während die hintere Seite Anbohrungen für Druckmessungen besitzt.

Hält man den Drallmesser, die Flammensonde, oder Fäden in den austretenden Luftstrahl, so erkennt man eine heftige Drehung. Durch Abtasten der Meßöffnungen der hinteren Wand erhalten wir die Druckverteilung. In der Mitte stellt man einen Unterdruck fest. Abb. 77 stellt das Spiralgehäuse dar mit einer interessanten praktischen Anwendung. Das ganze ist zu einer kleinen Kaplanturbine zusammengesetzt worden, die statt mit Wasser mit Luft arbeitet. Der in Kugellagern gelagerte Läufer wird mit einem Einsatz in die mittlere Öffnung des Spiralgehäuses eingesetzt. Die Luft tritt durch ein abnehmbares konisches Saugrohr aus. Der Läufer der Kaplanturbine hat die Aufgabe, den Drall der Luft, der durch das Spiralgehäuse erzeugt worden ist, wieder wegzunehmen. Je nach der Abbremsung des Läufers kann man mit dem Drallmesser, den man in das Austrittsende des konischen Saugrohrs hält, die Stärke des noch vorhandenen Dralles feststellen. Auch die Wirkung des konischen Saugrohres ist durch Abnehmen desselben gut zu erkennen.

Einige interessante Wirbelbewegungen entstehen noch bei der Krümmerbewegung. Setzt man einen einfachen Krümmer auf den Windkanal (etwa das Knie eines Ofenrohres), so kann man zunächst die Ablösung und Rückströmung an der inneren Seite mit dem Fadenkamm oder der Flammensonde erkennen.

Setzt man einen Doppelkrümmer auf, so erhält man einen einfachen Potentialwirbel. (Erklärung: Die Ablösung an dem ersten Krümmer erzeugt bereits Wirbel, deren Achse parallel dem ausströmenden Strahl ist. Am zweiten Krümmer werden diese Wirbel zu einem Stabwirbel vereinigt.) Durch einen Drallprüfer ist der Wirbel nach Abb. 78 leicht nachzuweisen.

Abb. 77. Spiralgehäuse mit Kaplan-Turbine und konischem Saugrohr, durch Windkanal angetrieben.

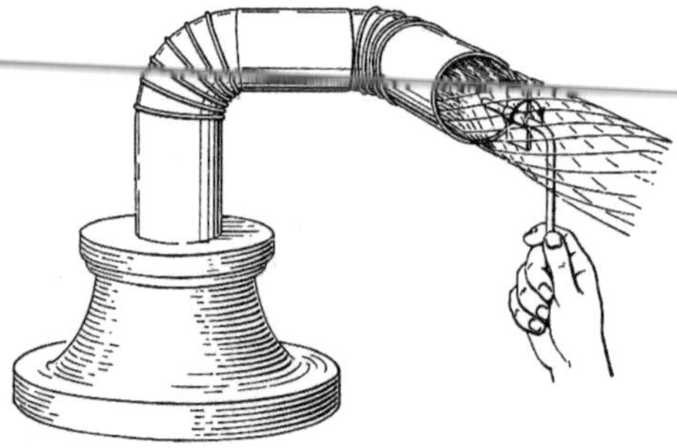

Abb. 78. Wirbelbewegung hinter einem Doppelkrümmer. Veranschaulichung durch Drallmesser.

# V. Versuche zum Widerstands- und Auftriebproblem.

## 1. Versuche zum Widerstandsproblem.

### a) Schauversuche.

Die physikalischen Wirkungen des Widerstandes lassen sich, ohne direkt zahlenmäßig verwertbare Resultate zu erhalten, sehr schön mit einfachen Schauversuchen demonstrieren.

$\alpha$) **Schwebeversuche:** Es sei kurz auf die Struktur eines freien Strahles verwiesen, die in Bd. I, S. 71 erläutert wurde. Danach nimmt der Strahl ziemlich genau konisch zu, während die mittlere Geschwindigkeit (nicht zu verwechseln mit der Geschwindigkeit in der Mitte) fast linear mit der Strahlweite abnimmt. Ein senkrecht stehender Windkanal ergibt so ein nach oben abnehmendes Geschwindigkeitsfeld. Führt man nun an einer Stange[1] nach Abb. 79 einen Widerstandskörper, z.B. eine Halbkugel, so stellt sich dieselbe so ein, daß der Widerstand genau gleich dem Gewicht des Körpers ist. Der Widerstandskörper bleibt in einer bestimmten Höhe stehen, die ein Maß für den Widerstand ist. Aus $W = c \cdot F \cdot \frac{\gamma}{2g} \cdot w^2 = G$ folgt $w = \frac{C}{\sqrt{c}}$, d.h. bei großem Widerstandskoeffizient $c$ wird die Schwebegeschwindigkeit klein sein und der Körper eine hohe Lage annehmen und umgekehrt; der schlechteste Körper (offene Halbkugel) ist also oben und der Stromlinienkörper unten. Abb. 78 zeigt eine Kreisplatte an der Stange. Diese Platte stellt sich etwas tiefer wie die Halbkugel ein. Bei einiger Geduld gelingt es sogar, mehrere Körper entsprechend ihrer Rangordnung übereinander in Schwebe zu halten und in einem Bild den Widerstand der Hauptkörperformen instruktiv, ohne jede Messungen zu zeigen (Abb. 81). (Da infolge des Sogwirbels zwei Körper angezogen werden, müssen die einzelnen

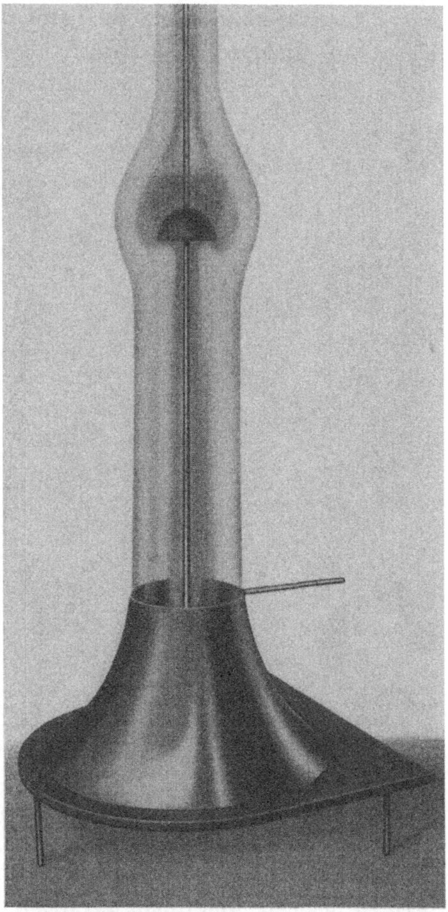

Abb. 79. Gesamtanordnung. Schwebeversuch zur Veranschaulichung des Widerstandes verschiedener Körperformen.

[1] Die ersten Versuche dieser Art wurden vom Verfasser mit einem gespannten Faden ausgeführt. Die in den Gleichrichter eingesteckte Stange bietet eine Vereinfachung und ermöglicht erst eine Reihe weiterer Schwebeversuche, die auf S. 82 beschrieben werden.

Körper durch einen kleinen Stoß zuerst getrennt werden.) Dabei liegt der Stromlinienkörper ganz unten. Es kann auch der gleiche Versuch wie Abb. 87 S. 60 ausgeführt werden. Eine Halbkugel wird in einer bestimmten Höhe gehalten. Dann nähert man dem hinteren Ende einen Abflußkörper (dieser Körper muß eine große Bohrung in der Mitte haben, damit der Druck hinter dem Abflußkörper auf die Halbkugel übertragen wird). Sofort geht die Halbkugel herunter, entsprechend dem kleineren Widerstand mit Abflußkörper.

Ein Vergleich hat selbstverständlich nur dann Zweck, wenn die Fläche und das Gewicht bei allen Körpern gleich ist. Flugtechnisch spricht man von gleicher Flächenbelastung $\left(\frac{G}{F}\right)$, eine Kennzahl, die auch beim Tragflügel eine große Rolle spielt.

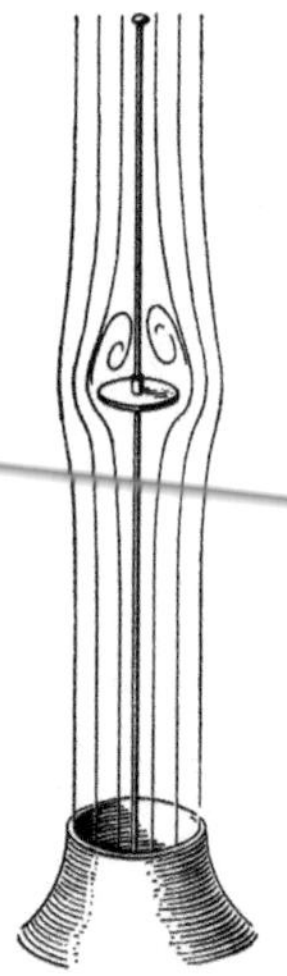

Abb. 80. Schwebeversuch einer Kreisplatte.

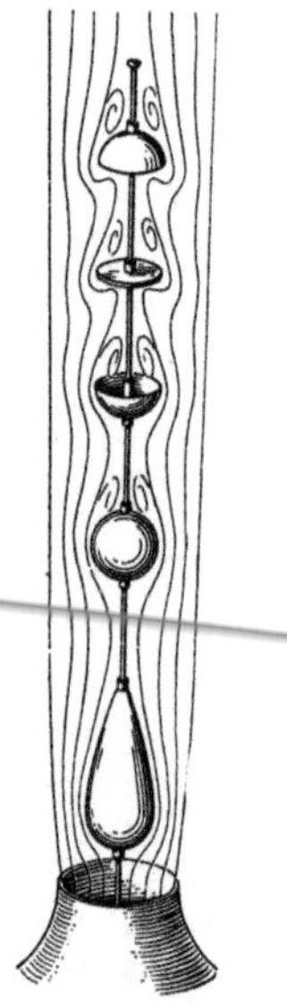

Abb. 81. Die verschiedenen Widerstandskörper stellen sich entsprechend ihrer „Rangordnung" verschieden hoch ein.

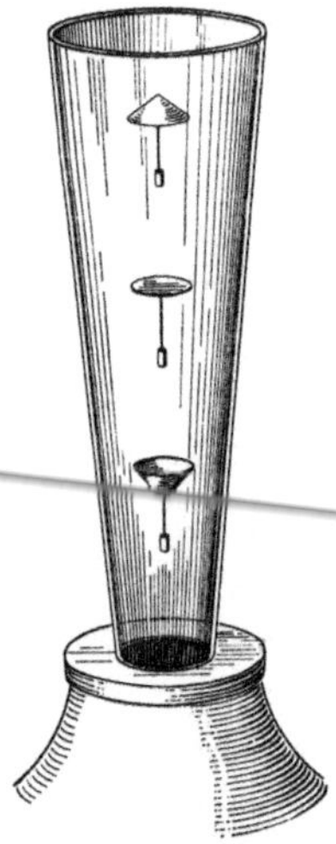

Abb. 82. Widerstandskörper, freischwebend in konisch erweiterter Glasdüse.

Abb. 83. Widerstand vergleichsweise veranschaulicht durch die Fallzeiten von Versuchskörpern, die an einem Draht gleiten.

Es gelingt auch, die Versuche mit vollkommen freischwebenden Körpern zu machen, wenn man auf die Windkanaldüse eine konische Düse aus Glas aufsetzt. (Die teure Glasdüse läßt sich auch ersetzen durch eine aus Celluloid geformte Düse oder auch durch ein Celluloid-Rohr von *gleichem Querschnitt*, bei dem die Geschwindigkeitsabnahme dadurch erzielt wird, *daß das Rohr eine Reihe Öffnungen aufweist, durch die Luft austreten kann.*) Die Körper müssen dann allerdings nach Abb. 82 ein kleines Stabilisierungsgewicht haben. Als Baustoff ist Kork sehr geeignet. Die Schwebegeschwindigkeit spielt bei der pneumatischen Förderung z. B. von Getreide eine große Rolle.

Es zeigt sich nämlich, daß die Transportgeschwindigkeit eines Stoffes in einem bestimmten Verhältnis zur Schwebegeschwindigkeit stehen muß[1].

Selbst ohne Windkanal ist eine einfache Darstellungsmöglichkeit vorhanden, wenn man nach Abb. 83 zwischen einem Holzrahmen zwei Drähte spannt, auf dem z. B. eine Kreisscheibe und ein Kegel (hergestellt aus leichtem Zeichenpapier, Führung aus kurzem dünnen Messingrohr, Nabe aus Kork) verschiebbar anordnet. Läßt man in der Anordnung von Abb. 83 die Körper fallen, so beobachtet man, daß die Kreisscheibe zuerst unten ist. Dreht man den Rahmen herum, so daß die Kegelspitze nach unten zeigt, so ist der Kegel zuerst unten.

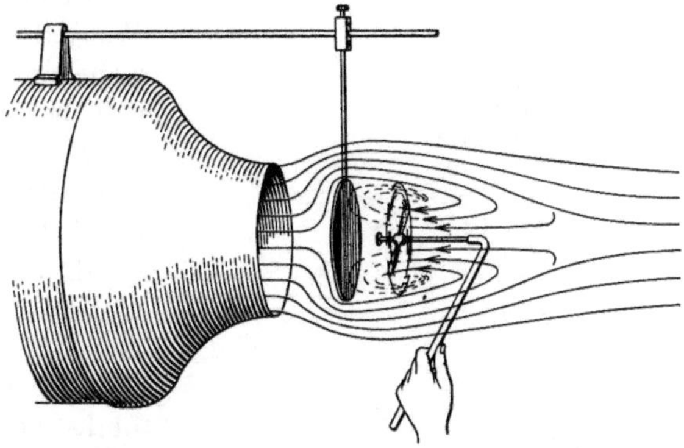

Abb. 84. Untersuchung des „Totwasserraumes" hinter einer Platte durch kleine auf der Achse verschiebbare Propeller.

*β*) **Untersuchung des Totwasserraumes.** Die Strömungsaufnahme der Plattenströmung (I, S. 115) zeigt deutlich, wie sich hinter der Platte durchweg zwei Wirbel befinden, die in Richtung der Mittellinie eine Rückströmung hervorrufen. Auch stellt man ein Ausweichen der Strömung fest, die über die Plattenbreite hinausgeht.

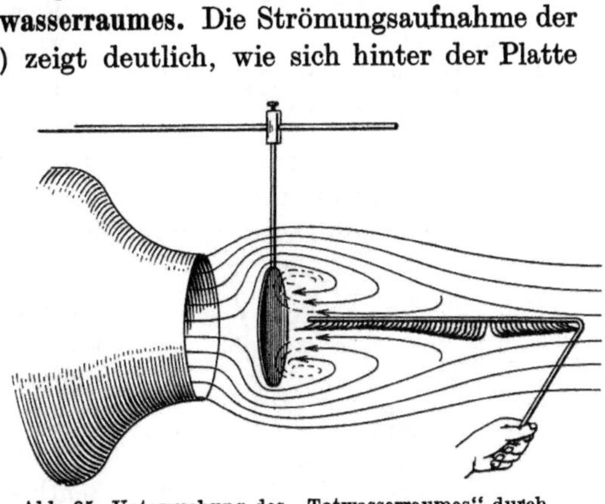

Abb. 85. Untersuchung des „Totwasserraumes" durch Fadenkamm. Veranschaulichung des Umkehrpunktes.

Im Luftstrom lassen sich diese Erscheinungen leicht nachweisen. Nach Abb. 84 hält man hinter eine Platte einen kleinen, auf einer Achse leicht verschiebbaren Blechflügel. In der Nähe der Platte schiebt sich der Flügel nach vorne und dreht sich, ein Zeichen, daß tatsächlich eine Rückströmung vorhanden ist; entfernt man den Flügel von der Platte, so steht der Flügel plötzlich still; geht man noch weiter weg, so wird der Propeller nach hinten gedrückt und dreht sich in anderer Richtung. Man hat jetzt das Gebiet erreicht, wo die Strömung wieder geschlossen ist.

[1] Eck-Kearton: Turbo-Gebläse und Turbo-Kompressoren. Julius Springer: Berlin 1929. S. 57.

Statt eines verschiebbaren Flügels kann man auch eine Kreisplatte nehmen, die sogar noch ca. 20 % im Durchmesser größer sein darf, um angezogen zu werden. (Auf einer Stange leicht verschiebbar.) Mit Hilfe der Waage ist es auch leicht, die anziehende Kraft zu messen, die z.B. bei einem Versuch 50 g ergab. Als Vergleich diene der Widerstand der Platte allein, der 80 g betrug.

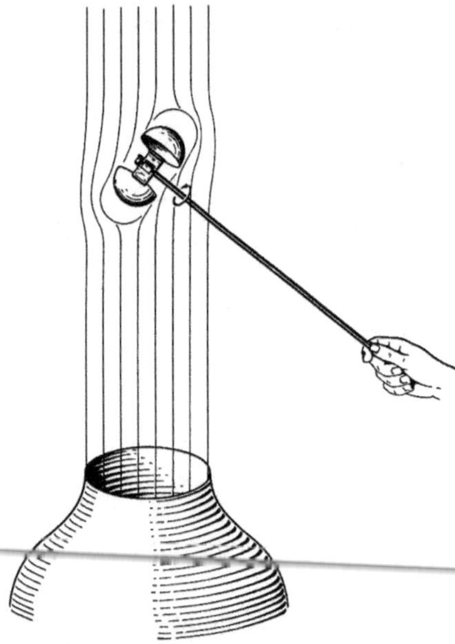

Abb. 86. Einfaches Modell eines Anemometers. Gesamtwiderstand hebt das zwischen den Fingern leicht geführte Modell.

Hält man einen Fadenkamm hinter die Platte, so erkennt man besonders deutlich den Umkehrpunkt nach Abb. 85. Links vom Umkehrpunkt sind die Fäden nach links, rechts davon nach rechts gerichtet.

Mit einem Gummiball läßt sich noch sehr eindrucksvoll der Sog hinter einer Platte zeigen. Hinter einer Kreisplatte wird ein leichter Gummiball fest auf die Platte gesaugt und bleibt selbst bei horizontaler Richtung des Luftstromes an der Platte „kleben“.

Sehr schön läßt sich der ganze Totwasserraum noch sichtbar machen, indem man die Flammensonde in das Gebiet hält. Der ganze Wirbelraum ist dann ein sehr gut abgegrenztes „Feuermeer“. Hält man die Flammensonde vor die Platte, so erscheint die Grenzstromlinie sehr deutlich. Statt der Gasflamme kann man die an einem Stiel gehaltene Platte auch in Petroleum tauchen und anzünden.

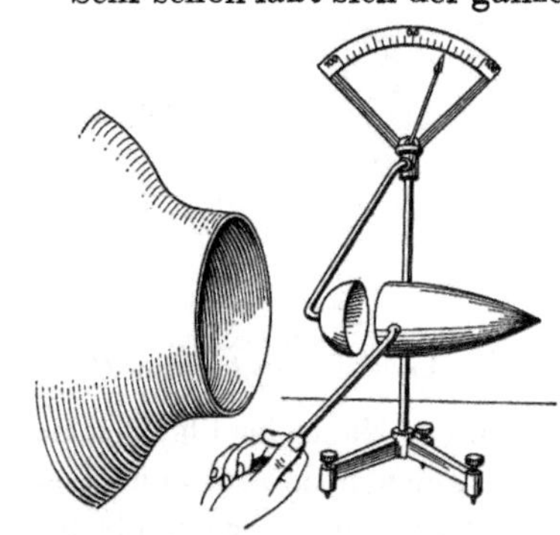

Abb. 87. Wirkung des Abflußkörpers. Bei Annäherung desselben an die Halbkugel geht der Widerstand fast ganz zurück. Abflußkörper muß große Längsbohrung haben!

Nimmt man statt einer Kreisplatte eine der Strömung entgegen gerichtete Halbkugel, so ist eine noch größere Ausweichung vorhanden. Es gelingt jetzt, eine Kreisplatte anzuziehen, die ca. den doppelten Durchmesser der Halbkugel hat.

Der verschiedene Widerstand einer Halbkugel, je nachdem die vordere oder hintere Fläche der Strömung entgegen gerichtet ist, wird bekanntlich beim Anemometer ausgenutzt. Ein kleines Modell (Abb. 86) zeigt diesen Effekt. Führt man im senkrechten Luftstrom die Haltestange leicht zwischen den Fingern, so ergibt sich ein „Auftrieb“. Die ganze Anordnung stellt sich nach Abb. 86 schräg ein.

Die Wirkung des Abflußkörpers wird durch folgenden Versuch anschaulich dargestellt. An der Waage befestigt man die vordere Hälfte eines Stromlinienkörpers nach Abb. 87 und stellt einen bestimmten Widerstand fest. Nähert man jetzt mit der Hand einen Abflußkörper, so geht der Zeiger der Widerstandswaage bis beinahe auf Null zurück. Selbst wenn zwischen beiden Körpern noch ein Spalt von 15—20 mm ist, beobachtet man noch eine starke Wirkung.

### b) Ermittlung des Formwiderstandes durch Druckmessungen.

Durch unmittelbare Messung der statischen Drücke an der Oberfläche eines Körpers kann der Widerstand oft leicht bestimmt werden.

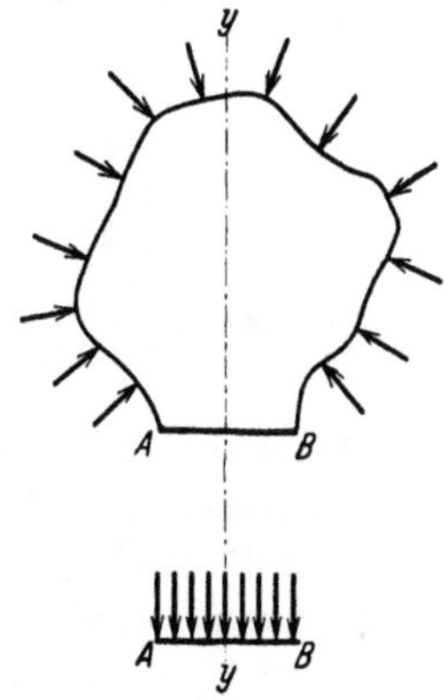

Abb. 88. Beanspruchung eines unter Überdruck stehenden offenen Halbkörpers senkrecht zur Öffnungsfläche $A$—$B$.

Auf eine, in diesem Zusammenhang wichtige Beziehung sei zunächst verwiesen. Wenn nach Abb. 88 ein beliebig geformter Hohlkörper einem konstanten Druck in der angedeuteten Weise ausgesetzt ist, und die resultierende Kraft in der $y$-Richtung interessiert, so läßt sich leicht zeigen, daß dieselbe genau so groß ist, als wenn der Druck auf der geraden Strecke $A$—$B$ wirken würde[1]. Man kann diese Beziehung wie folgt ausdrücken:

Die Gesamtkraft in einer Richtung, die irgend ein Körper infolge konstantem Überdruck bezw. Unterdruck erfährt, ist so groß, als wenn der Druck auf die in Kraftrichtung liegende Schattenfläche wirken würde, jedoch so, daß sich überdeckende Teile abgezogen werden.

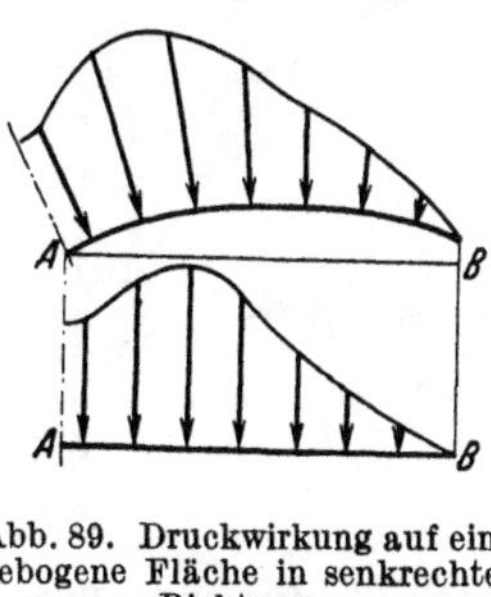

Abb. 89. Druckwirkung auf eine gebogene Fläche in senkrechter Richtung.

Ist der Druck von Punkt zu Punkt verschieden, so ist der Satz nur auf kleine Elemente anzuwenden. Sind z. B. die Drücke auf eine gewölbte Fläche (Abb. 89) bekannt, so trägt man auf der Sehne $AB$ die Drücke auf und

[1] Der Nachweis ist leicht zu erbringen, wenn man die auf ein kleines Oberflächenelement wirkende Kraft nach der $y$-Richtung zerlegt und die Summe aller dieser Kräfte bildet.

summiert die ganzen auf $AB$ wirkenden kleinen Teilkräfte. Insbesondere wegen der Anwendungen beim Tragflügel scheinen diese Bemerkungen nicht überflüssig.

Durch Druckmessungen können nur die Kräfte senkrecht auf die Oberfläche bestimmt werden, jedoch nicht die Schubspannungen, die

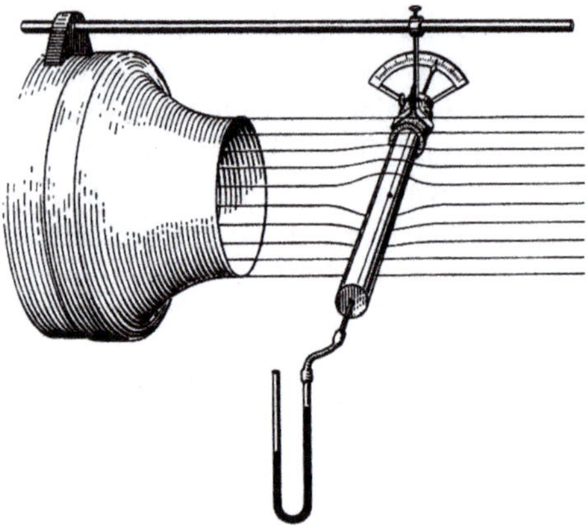

Abb. 90. Messung der Druckverteilung um einen Zylinder.

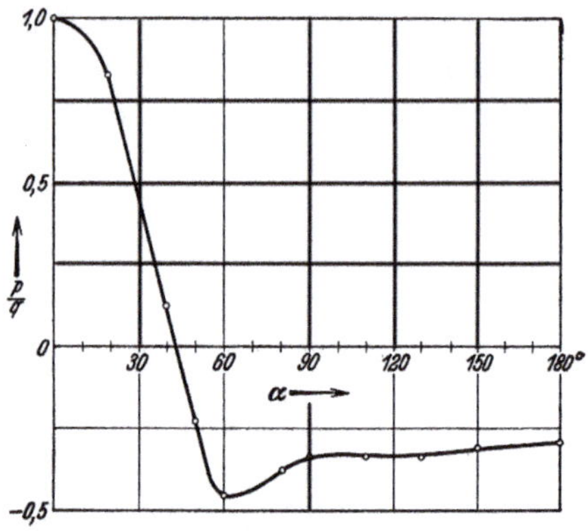


Abb. 91. Druckverteilung um einen Zylinder. Aufgetragen in Abhängigkeit vom Winkel.

durch unmittelbare Reibung entstehen. Wir erhalten somit bei Druckmessungen nur den *Formwiderstand*. *Der wirkliche Widerstand*, wie er z. B. an der Waage bestimmt wird, *ist um den Oberflächenwiderstand* *größer*. Zieht man beide voneinander ab, so erhält man den Oberflächenwiderstand.

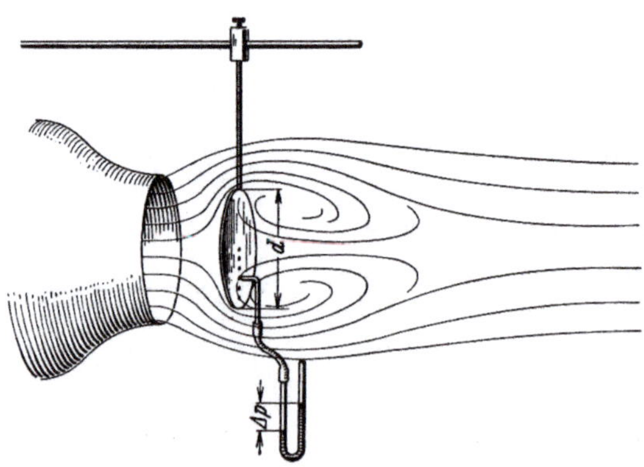


Abb. 92. Messung der Druckverteilung an einer Kreisscheibe.

Am einfachsten gestaltet sich die Druckmessung bei Rotationskörpern.

Man lagert den Körper z. B. nach Abb. 90 drehbar und bringt eine Bohrung an, die den Druck nach dem inneren Hohlraum und weiter nach einem Manometer leitet. Ein Zeiger liegt in derselben Radialebene wie die Bohrung und gestattet leicht, den Winkel der jeweiligen Meßstelle festzustellen. Bei einem Zylinderdurchmesser von 30 mm, und einer Windgeschwindigkeit von 17 m/sec wurde eine Messung durchgeführt, und in Abhängigkeit vom Winkel dimensionslos aufgetragen (Abb. 91), damit ein direkter Vergleich mit den genauen Ergebnissen von I, S. 91 möglich ist. (Es handelt sich hier natürlich um den unterkritischen Bereich.)

Als Beispiel eines plattenförmigen Körpers werde die Kreisscheibe untersucht. Die Messung geschieht in der Weise, daß man die Scheibe radial mit kleinen Bohrungen versieht und einen glatt abgeschnittenen Schlauch mit leichtem Druck auf eine Bohrung bringt (Abb. 92). So erhält man den Druck auf der Gegenseite. Die Umkehrung ergibt leicht den Druck auf der anderen Seite. Das Resultat ist in Abb. 93 aufgetragen. Man erkennt deutlich den Widerstand. Der Überdruck auf die vordere Seite und der Unterdruck auf der unteren Seite zeigt klar, welche Stellen zum Widerstand besonders viel beitragen.

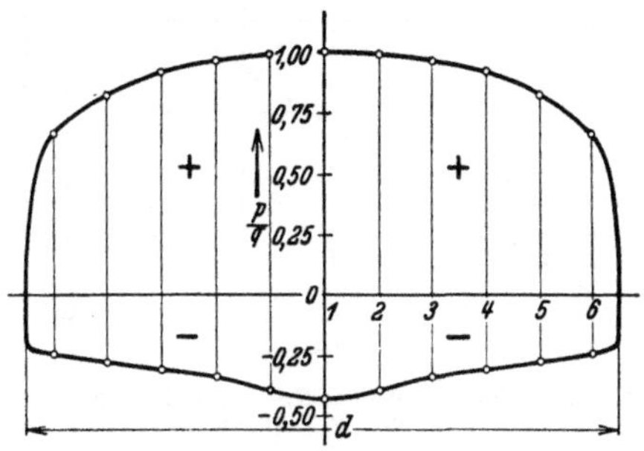


Abb. 93. Druckverteilung vor und hinter einer Kreisplatte

c) Widerstandsmessungen.

Um einen zahlenmäßigen Aufschluß über den Widerstand der verschiedenen Körper zu erhalten, arbeiten wir mit der Komponentenwaage. Für diese Messungen genügt die Einkomponentenwaage Abb. 18. Wir beginnen mit einer Kreisscheibe und messen den Widerstand für verschiedene Geschwindigkeiten bzw. Staudrücke. Folgende Werte ergaben sich bei einer Kreisscheibe von 58 mm ⌀.

| | | | | | | | | | | |
|---|---|---|---|---|---|---|---|---|---|---|
| Staudruck $q$ in mm WS . . | 5 | 5,5 | 5,8 | 6,5 | 7,0 | 7,8 | 8,8 | 9,8 | 11,5 | 12,2 |
| Widerstand $W$ in $g$ . . . | 14,7 | 16,0 | 17,9 | 19 | 21,2 | 23,6 | 26,6 | 30,4 | 36,0 | 38,0 |
| Widerstandskoeffizient $c$ | 0,897 | 0,905 | 0,854 | 0,904 | 0,87 | 0,873 | 0,873 | 0,85 | 0,842 | 0,846 |

Man erkennt, daß zwischen Widerstand und Staudruck gute Proportionalität besteht. In Abb. 94 sind die Versuchspunkte aufgetragen, die sehr gut auf einer geraden Linie liegen. Da nach der Formel $q = \frac{\gamma}{2g} \cdot w^2$ der Staudruck $q$ proportional dem Quadrate der Geschwindigkeit ist, gilt das gleiche für den Widerstand. Für die Platte ist noch der Widerstandskoeffizient $c$ nach der Formel $W = c \cdot F \cdot q$ berechnet. Gegenüber dem tatsächlichen Wert 1,11 (I, S. 88) bemerkt man eine Verminderung auf $\sim$0,87, die mit dem Einfluß des endlichen Strahls zusammenhängt.

Da der Widerstandskoeffizient der Kreisplatte nach I, S. 88 nicht kennzahlenempfindlich ist, wählt man die Messung der Kreisscheibe auch im Hinblick auf die leichte und einwandfreie Herstellbarkeit gerne als Maß für den Einfluß der endlichen Strahlbreite.

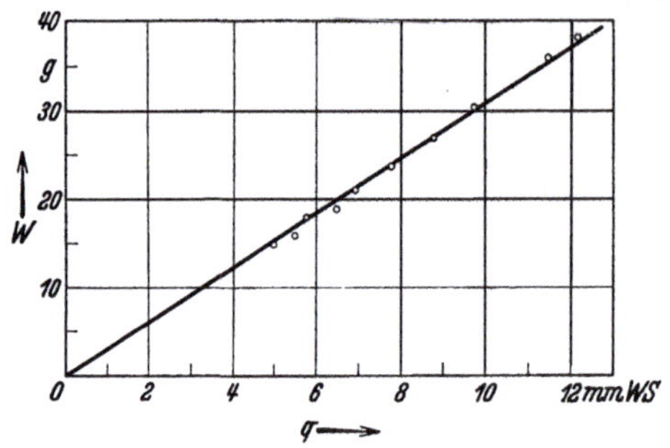


Abb. 94. Widerstand einer Kreisplatte in Abhängigkeit vom Staudruck.

Nach der Kreisscheibe sollen die charakteristischsten Körperformen untersucht werden, Kugel, Halbkugel (von beiden Seiten angeströmt), Stromlinienkörper. Bei einem Staudruck von 17 mm WS wurde die Messung durchgeführt mit folgenden Ergebnissen:

Staudruck: $q = 17$ mm WS.

| Körperform | Kugel | Halbkugel → ( | Halbkugel → ) | Platte → \| | Stromlinienkörper |
|---|---|---|---|---|---|
| Widerstand in $g$ | 7 | 8 | 25 | 21 | 1,8 |
| $c$ | 0,36 | 0,464 | 1,29 | 1,08 | 0,0975 |

Die Koeffizienten passen sich sehr gut den in I, S. 88 und S. 90 genau angegebenen Werten an. Bei den Versuchen war das Verhältnis $\frac{\text{Modelldurchmesser}}{\text{Strahldurchmesser}} = 0{,}32$. Besonders bei den Versuchen mit sehr kleinem Widerstand (Stromlinienkörper) muß darauf geachtet werden, daß der Widerstand der Haltevorrichtung abgezogen wird. Zu diesem Zweck nimmt man das Modell ab und stellt den Widerstand des Haltearmes fest. Beim Stromlinienkörper war derselbe beinahe so groß wie der Widerstand des Körpers selbst. Will man ganz genau messen, so hält man bei der letzten Messung das Modell als Blende genau so vor die Haltevorrichtung, wie es bei der Hauptmessung liegt.

### d) Ermittlung des Rohrreibungskoeffizienten.

Die durch Holzdüse auf 50 ⌀ verengte Windkanaldüse wird für diese Messung verwendet. Nach Abb. 95 wird auf diese Düse ein Rohrstück aufgesetzt. Am Anfang des Rohres befindet sich eine Druckmeßstelle. Der hier gemessene Überdruck $\Delta h_1$ stellt den Reibungsverlust für die Strecke $l$ dar. Nach I, Gl. 31 ergibt sich der Rohrreibungskoeffizient $\lambda$ aus $\Delta p = \lambda \cdot \frac{l}{d} \cdot \frac{w^2}{2g} \cdot \gamma$ zu: $\lambda = \frac{\Delta p}{\frac{l}{d} \cdot \frac{w^2}{2g} \cdot \gamma}$; außer dem unmittelbar meßbaren $\Delta p = \Delta h_1$ benötigen wir noch die mittlere Geschwindigkeit $w$ des Rohres. Nach I, Gl. 54, S. 125 wird die Geschwindigkeit $w$ durch die in

Abb. 93 angedeutete Differenzdruckmessung $\Delta h_2$ bestimmt. Hiernach ist $\frac{w^2}{2g}\cdot\gamma = \frac{1}{1-\left(\frac{d}{D}\right)^4}\cdot\Delta h_2$ mm WS. Durch Messung von $\Delta h_1$ und $\Delta h_2$ ist somit $\lambda$ bestimmbar. Die folgende Tabelle enthält das Ergebnis einer derartigen Messung. [$d = 48\varnothing$; $D = 220\varnothing$; $l = 480$ mm.]

| | | | |
|---|---|---|---|
| $\Delta h_1$ [mm WS] | 6,65 | 5,51 | 3,2 |
| $\Delta h_2$ [mm WS] | 21 | 17,4 | 10 |
| $\lambda$ | 0,0315 | 0,0317 | 0,0312 |
| w *m/sec* | 18,3 | 16,7 | 12,7 |
| $R = \frac{w \cdot d}{\nu}$ | 63000 | 57500 | 43700 |
| $\lambda_{Blasius}$ | 0,0199 | 0,0203 | 0,0217 |

Zum Vergleich wurde noch der $\lambda$-Wert der glatten Rohrreibung ausgerechnet. Die vorhandenen Reynoldschen Zahlen sind innerhalb des Gültigkeitsbereiches des Blasiusschen Gesetzes, so daß nach I, Gl. 32, S. 58 gerechnet werden kann. Bei Beurteilung der Meßwerte, die um ca. 50% über den Werten der glatten Rohrleitung liegen, muß berücksichtigt werden, daß die Meßstrecke sich noch innerhalb der Anlaufstrecke befindet.

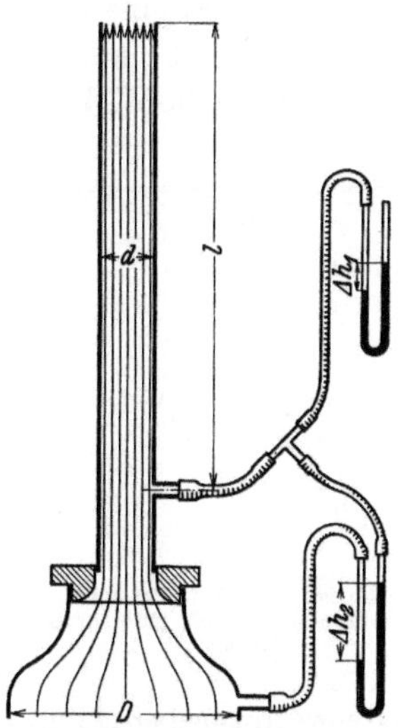


Abb. 95. Messung des Rohrreibungskoeffizienten durch Aufsetzen eines Rohres auf die kleine Windkanaldüse.

Auch der Widerstand eines Krümmers und anderer Rohrarmaturen kann in der gleichen Weise leicht bestimmt werden.

## 2. Einfluß des endlichen Luftstrahles.

Bei Versuchsgeräten der hier beschriebenen Art wird man bestrebt sein, die Abmessungen der Geräte so klein wie eben möglich zu halten. Andererseits will man gerne bei gegebenem Strahldurchmesser des Windkanals möglichst große Modelle, Widerstandskörper usw. verwenden, damit die Kräfte möglichst groß werden und nicht zu empfindliche Waagen nötig sind.

Es entsteht die Frage, wie groß das Verhältnis $\frac{\text{Modelldurchmesser}}{\text{Strahldurchmesser}}$ gewählt werden kann, wenn die Messungen überhaupt noch einen Sinn haben sollen. Bei großen Windkanälen arbeitet man mit relativ kleinen Modellen (ca. $^1/_5$—$^1/_7$ des Strahldurchmessers). Man hat hier Umrechnungsformeln ermittelt[1], die den Einfluß des endlichen Strahles sehr genau zahlenmäßig angeben. Man kann damit rechnen, daß ein Ein-

[1] Muttray: Handbuch der Experimentalphysik, IV 2, S. 235. Die experimentellen Tatsachen des Widerstandes ohne Auftrieb.

fluß **nicht mehr vorhanden ist, wenn das Modell** ca. $^1/_7$ des **Strahldurchmessers ausmacht.** Dies wurde z. B. bei Versuchen mit Kreisscheiben festgestellt. Bemerkt sei noch, daß der Einfluß des endlichen Strahles eine **Verminderung des Widerstandes** bewirkt.

Wie kommt nun dieser Einfluß zustande? Bei starker Übertreibung (Abb. 96) ist die Wirkung leicht zu verstehen. Ist z. B. der Strahl von der Größenordnung des Versuchskörpers z. B. einer Platte, so wird der Luftstrahl abgelenkt wie ein Wasserstrahl, der auf eine Fläche senkrecht auffällt. Die Strömung schließt sich hinter dem Körper nicht mehr.

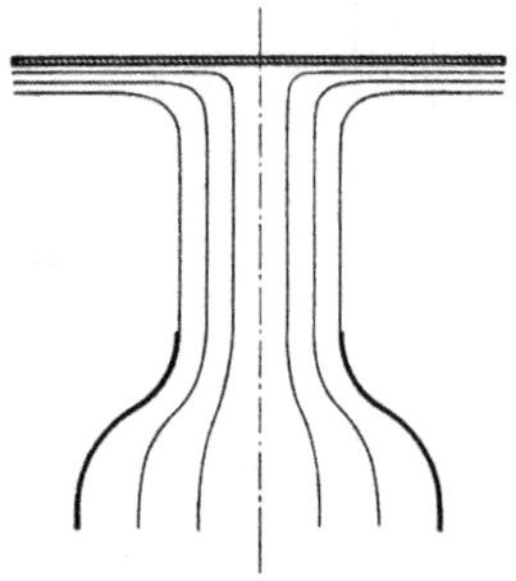

Abb. 96. Ablenkung des ganzen Luftstrahles um 90° durch große Kreisplatte.

Denkt man sich andererseits bei gleichbleibender Kreisplatte den Luftstrahl allmählich vergrößert, so erkennt man, daß die äußere Strömung einen Druck ausübt, und schließlich die Strömung langsam wieder zum Schließen bringt.

Folgende Forderung scheint mir bei der Wahl des Modelldurchmessers die äußerste Grenze anzugeben: **Die Strömung muß hinter dem Versuchskörper überhaupt wieder zusammenkommen.** Denn nur in diesem Falle kann von einer **Umströmung** gesprochen werden. Da bei der **Umströmung** eines Widerstandskörpers notwendig ein Sog hinter dem Körper entsteht, **wird der hinter dem Körper meßbare Unterdruck ein Maß für den Grad der Umströmung darstellen.** An Kreisscheiben von verschiedenen Durchmessern, die mitten in den runden Luftstrahl des Windkanals gehalten wurden, wurde dieser Unterdruck gemessen. Die Meßergebnisse sind in Abb. 97 dimensionslos aufgetragen.

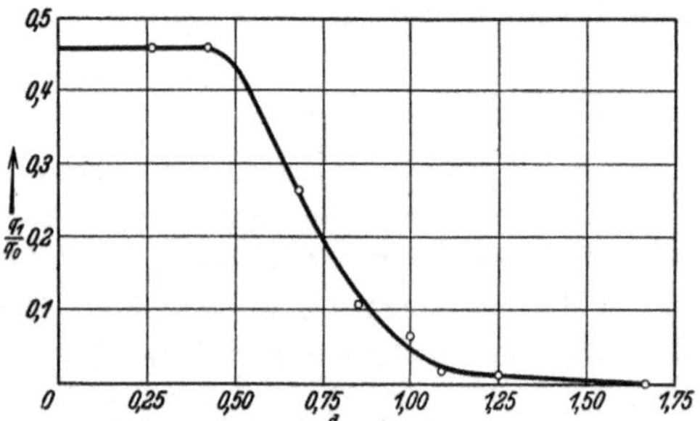


Abb. 97. Saugdruck hinter einer Kreisplatte für verschiedene Verhältnisse $\frac{\text{Durchmesser der Kreisplatte.}}{\text{Düsendurchmesser.}}$

Man erkennt daß bis ca. $\frac{d}{D} < 0{,}4 \div 0{,}5$ keine Änderung des Unterdruckes vorhanden ist. Von da ab fällt der Unterdruck sehr schnell bis auf Null. Schon bei $\frac{d}{D} \sim 0{,}75$ kann kaum mehr von einer Umströmung gesprochen werden, wie gleichzeitiges Abtasten mit der Flammensonde und Fäden ergab. Man erkennt: **Will man brauchbare Ergebnisse haben,** so soll tunlichst der Modelldurchmesser nicht größer wie der halbe Strahldurchmesser sein. Bei den in diesem Bande besprochenen Versuchen waren die Modelle meist noch kleiner, um in respektvoller Entfernung von diesen Fehlerquellen zu bleiben.

## 3. Untersuchung des Tragflügels.

### a) Schauversuche.

Der Tragflügel wird an der Komponentenwaage nach Abb. 17, 18, 19, befestigt. Ohne zahlenmäßige Rechnungen auszuführen, kann schon an dem Ausschlag der Zeiger und anderen Bewegungen manche Gesetzmäßigkeit gezeigt werden.

Die Randwirbel lassen sich sehr schön mit dem Drallmesser nachweisen. Bringt man nach Abb. 98 hinter das Tragflügelende dieses Instrument, so dreht sich der Drallmesser im Sinne des Randwirbels, d. h. Drehung von der Druckseite nach der Saugseite. Geht man zum anderen Tragflügelende, so ändert sich der Drehsinn. Verstellt man den Anstellwirbel so, daß Abtrieb entsteht, so zeigt der Wirbel an beiden Enden entgegengesetzte Drehung. Mit der Flammensonde ergibt sich eine korkzieherartige Flamme, die die Wirbel besonders eindrucksvoll erkennen läßt. Auch ein einzelner Faden, den man auf die hinteren Tragflügelenden klebt, sei zum Nachweis empfohlen; der Faden beschreibt einen Kegelmantel.

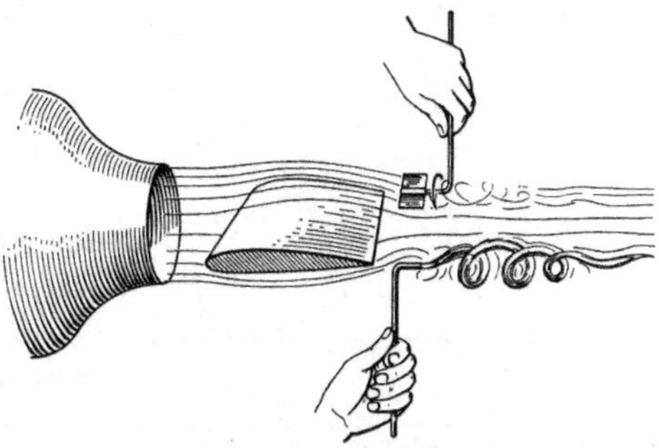

Abb. 98. Veranschaulichung der Rauchwirbel durch Drallmesser und Flammensonde.

Um den Einfluß des Seitenverhältnisses zu zeigen, nähert man mit der Hand nach Abb. 99 eine Platte, durch die das Umströmen verhindert wird. Beim Annähern an den Tragflügel zeigt die Waage sofort einen größeren Auftrieb, während die Widerstandswaage ungefähr stehen bleibt[1]. Da nunmehr das Verhältnis $\frac{\text{Auftrieb}}{\text{Widerstand}}$ größer wird, ergibt sich eine Verbesserung des Gleitwinkels.

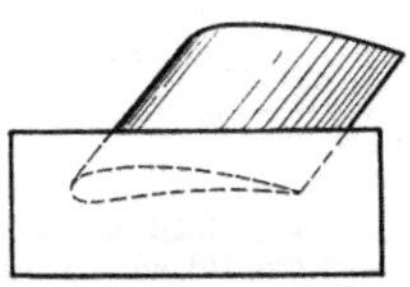

Abb. 99. Verhinderung der Umströmung einer Tragfläche durch Platte.

Zur anschaulichen Darstellung des Gleitwinkels neigt man nach Abb. 100 den Windkanal solange, bis die Widerstandswaage auf Null steht.

[1] Daß bei diesem Versuch eine Änderung des Widerstandes nicht eintritt, kommt daher, daß der Anstellwinkel keine Änderung erfährt. Die hierbei auftretenden Widerstandsänderungen sind geringfügig. Die Berechnung des induzierten Widerstandes setzt gleichen Auftrieb voraus.

Der Neigungswinkel $\alpha$ des Windkanales ist dann der Gleitwinkel. Aus dem eingezeichneten Diagramm erkennt man, daß die Auftriebswaage nunmehr die Luftkraftresultierende angibt. Dieser Versuch stellt dieselben Verhältnisse her, wie sie beim horizontal mit Aufwind fliegendem Segelflugzeug vorhanden sind. Nähert man jetzt wie vorhin eine Platte, um das Umströmen zu verhindern, so wird $\alpha$ kleiner, so daß auch mit diesem Versuch der Einfluß des Seitenverhältnisses nachgewiesen werden kann.

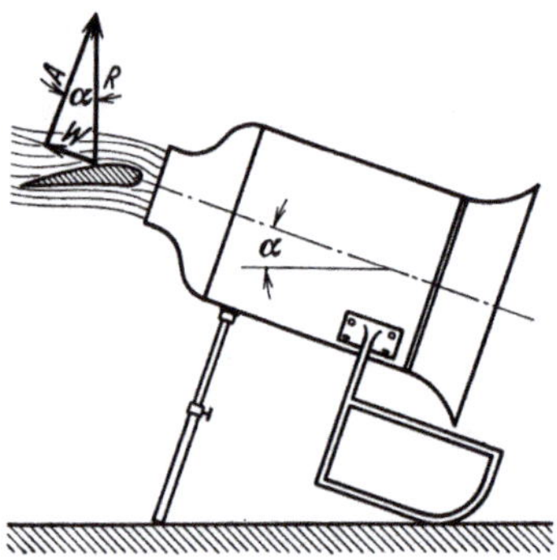


Abb. 100. Veranschaulichung des Gleitwinkels. Der Windkanal wird so lange geneigt bis die Widerstandswaage auf Null steht.

Die gegenseitige Beeinflussung der Tragflügel beim Doppeldecker kann durch folgenden Versuch leicht gezeigt werden.

Ein Tragflügel hängt wie vorhin an der Waage. Einen zweiten Flügel hält man mit der Hand über den ersten in den Luftstrom. Je nach dem Anstellwinkel dieses Flügels zeigt die Auftriebswaage eine Vergrößerung oder Verkleinerung. Und zwar wird mit größerem Anstellwinkel des oberen Flügels der untere verschlechtert und umgekehrt. Bringt man den mit der Hand gehaltenen Flügel unter den ersten, so zeigen sich entsprechende Erscheinungen. Die Änderung des Anstellwinkels ergibt die sog. Schränkung; die Verschiebung in Richtung des Luftstromes die sog. Staffelung.

Zur Demonstration der Strömung um den Tragflügel sei noch folgender Versuch angegeben. Unter- und Oberseite des Flügels werden gleichmäßig mit dünnen Fäden beklebt. Die Fäden stellen sich genau in Strömungsrichtung ein. Man beobachtet, wie durch die Umströmung die Fäden an der Oberseite zusammenlaufen und an der Druckseite auseinandergehen. Mit Vergrößern des Anstellwinkels läßt sich auch schon die beginnende Ablösung erkennen. Sie beginnt am hinteren Ende und nimmt dann bald die ganze Saugseite ein. Die wild durcheinander wirbelnden Fäden lassen genau den Bereich erkennen, wo Ablösung vorhanden ist. Kann der Flügel in sich verdreht werden (dünnes Blech oder Gummitragflügel), so läßt sich leicht durch Verwindung erreichen, daß die Ablösung in der Mitte des Tragflügels beginnt.

Abb. 101. Hält man unter das Tragflügelende eine Leiste, so schlägt die Auftriebswaage aus.

Wir befestigen einen Tragflügel so an der Waage, daß die untere Seite horizontal in Windrichtung liegt (z. B. mit dem Lot v. Abb. 107 ausgerichtet). Wenn wir den Windkanal anstellen, zeigt sich ein Auftrieb. Dieser Versuch zeigt sehr gut, daß hauptsächlich die Saugseite den Auftrieb erzeugt, da an der unteren Seite die Luft glatt abfließen kann.

Die Auftriebsvergrößerung durch eine Stauscheibe am Tragflügelende nach Abb. 101 ist ein äußerst wichtiges Hilfsmittel bei der heutigen Landetechnik (sog. Flügelendklappe). Durch diese Maßnahme kann eine Verdoppelung des Auftriebes erreicht werden. Hält man unter die Tragfläche eine Blechleiste, so beobachtet man einen sehr großen Anschlag der Auftriebswaage. Um die durch diese Maßnahme entstehende Widerstandsvergrößerung zu messen, muß man natürlich die Leiste am Tragflügel befestigen, z. B. eine aus starkem Zeichenpapier winklig geformte Leiste, die durch Heftzwecken am Flügel befestigt wird. In diesem Zusammenhange ist sehr interessant, daß man selbst mit einem einfachen Zylinder einen Auftrieb erzeugen kann, wenn man die Stauleiste unter den Zylinder hält. Die Auftriebswaage zeigt an. Die bei der Zylinderströmung normalerweise fehlende Zirkulation wird hier künstlich, allerdings auf rohe Weise erzeugt.

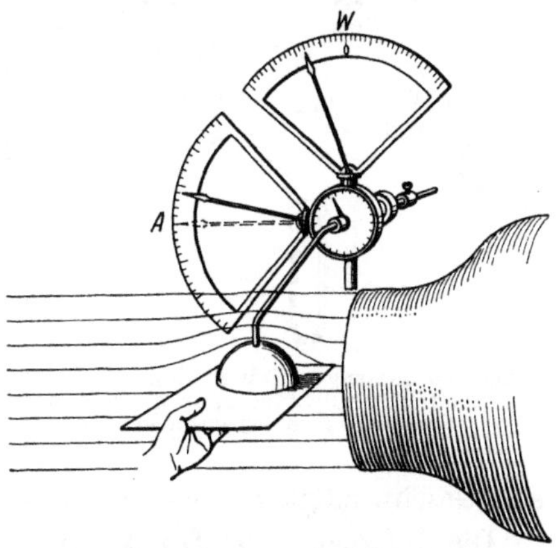

Abb. 102. Auftrieb einer Halbkugel. Beim Annähern einer Platte schlägt die Auftriebswaage aus.

Wir hängen nach Abb. 102 eine Halbkugel an die Waage. Sobald wir eine ebene Fläche der Halbkugel nähern, zeigt die Auftriebswaage kräftig an. Aus dem Strömungsbild des Zylinders (I, S. 32, Abs. 35) erkennt man bereits, daß ein in dieser Weise aufgeschnittener Zylinder infolge des hohen Unterdruckes an den äußeren Stellen starke Seitenkräfte, d. h. Auftrieb erfährt. Bei Rennwagen spielt dieser Auftrieb eine gewisse Rolle. Er kann hier sehr lästig werden, da durch diesen Auftrieb die Steuerfähigkeit der Räder vermindert wird.

## b) Druckmessungen.

Der Auftrieb eines Tragflügels kann zunächst durch Druckmessungen auf beiden Seiten der Flächen nachgewiesen werden. Am schnellsten und einfachsten ist die Messung durchführbar, wenn man nach dem Vorbild von Abb. 65 die Tragfläche an verschiedenen Stellen durchbohrt, so daß man dieselbe Öffnung für beide Seiten verwenden kann. Es genügt, für die Druckmessung einen glatt abgeschnittenen nicht zu weiten Gummischlauch dicht an die Meßstelle zu drücken, der innen ein Stück Glasrohr enthält, damit die nötige Steifigkeit erzielt wird. Durch Abtasten der verschiedenen Meßstellen von beiden Seiten erhält man sehr schnell die Druckverteilung. Verdreht man die auf einem Stativ befestigte Tragfläche, so lassen sich alle Anstellwinkel einstellen. Abbildung 103.

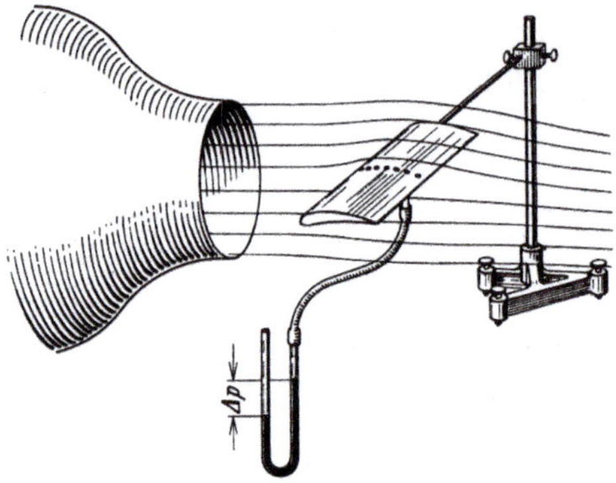


Abb. 103. Messung der Druckverteilung um einen Tragflügel an Bohrungen, die durch einen Gummischlauch abgetastet werden.

Für einen Anstellwinkel von 10° sind in Abb. 104 die Über- und Unterdrucke senkrecht auf der Fläche aufgetragen. Die große Saugkraft auf der oberen Seite ist offensichtlich. Der Überdruck auf die untere Seite ist bedeutend kleiner. Die Abnahme des Unterdruckes nach den Flügelenden bedeutet eine Druckzunahme, womit nach dem Bernoullischen Gesetz eine Geschwindigkeitsabnahme verbunden ist.

Die Auftragung der Drucke ist in den nachfolgenden Abbildungen in der Weise durchgeführt, daß von einer Null-Linie ab Unterdrucke auf die obere Seite positiv, Überdrucke auf die untere Seite hingegen negativ aufgetragen sind und umgekehrt. Diese Darstellungsweise hat den Vorzug, daß die gesamte Fläche, die von den Druckkurven gebildet wird, ein Maß für den Gesamtauftrieb ist. Unter den Druckkurven befindet sich die jeweilige Stellung des Tragflügels. Um Vergleiche zu erleichtern, sind die Verhältniszahlen $\frac{\text{Druck}}{\text{Staudruck}}$ aufgetragen.

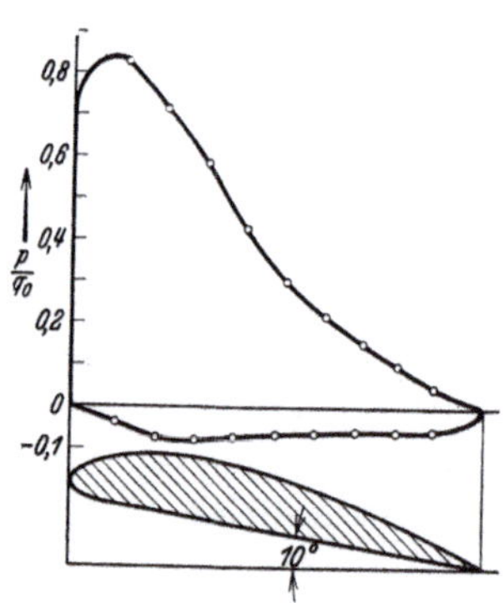


Abb. 104. Druckverteilung bei +10° Anstellwinkel.

Abb. 105 zeigt die Verhältnisse bei einem Anstellwinkel von 30°. Die Strömung ist hier abgerissen. Der Unterdruck auf der Saugseite drängte sich hier mehr nach vorne. Der Überdruck auf die untere Seite trägt jetzt ebensoviel zum Auftrieb bei wie die Saugseite. Der hier vorhandene große Auftrieb bei abgerissener Strömung hängt mit dem Einfluß des endlichen Strahles zusammen. Da der Widerstand gleichzeitig sehr groß ist, ist er schon aus diesem Grunde wenig brauchbar.

Abb. 106 zeigt die Druckverhältnisse bei einem negativen Anstellwinkel von 5°. Da sich beide Druckkurven überschneiden, ist die tatsächliche Auftriebskraft gleich der Differenz beider Flächen. Es ist — wie man erkennt — kein nennenswerter Auftrieb mehr vorhanden. Trägt man sich nach Abb. 106 im Schwerpunkt der einzelnen Flächen die Resultierenden auf, so erkennt man deutlich, daß ein Kräftepaar vorhanden ist, das den Flügel auf Verdrehung beansprucht. Im praktischen Fluge kommt beim Sturzabflug dieser Zustand vor. Für die bauliche Gestaltung ist es sehr wichtig zu wissen, daß bei verschwindendem Auftrieb ein Torsionsmoment den Flügel verdrehen will. Es handelt sich hier um Beanspruchungen, die ganz erheblich sind und baulich nicht immer einfach beherrscht werden können.

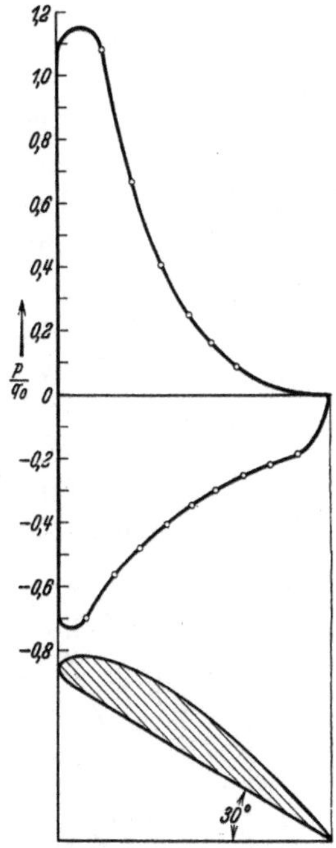

Abb. 105. Druckverteilung bei +30° Anstellwinkel.

Die Druckmessungen wurden durchgeführt mit einer Tragfläche von 105 mm Tiefe, d.h. einer zum verwendeten Düsendurchmesser von 120 mm ∅ großen Abmessung. Der Flügel war durch den ganzen Luftstrom durchgesteckt, eine Maßnahme, durch die das Seitenverhältnis vergrößert wird. Ein Einfluß des endlichen Strahles ist hier schon vorhanden und wirkt in dem Sinne, daß der Luftstrahl eine endliche Ablenkung erhält und der ganze Tragflügel in einer gekrümmten Strömung liegt. Die durchweg gekrümmten Stromlinien wirken so, als wenn die Krümmung des Tragflügels kleiner wäre. Mit kleineren Flügeln kann dieser Mangel in etwa behoben werden, doch sind dann die Abmessungen so klein, daß nur wenige Meßstellen angebracht werden können. (Wesentlich bessere Resultate werden bei Verwendung des größeren Windkanals (Abb. 7) erzielt.) Gegenüber den Werten im unendlich großen Strahl ergibt sich für den gleichen Anstellwinkel eine Verringerung des Auftriebes. Der Einfluß der kleineren Reynold'schen Zahl macht sich durch einen kleinen Unterdruck auf der Saugseite bemerkbar. Gegen $\cdot \frac{p}{q_0} \sim 2 = 3$

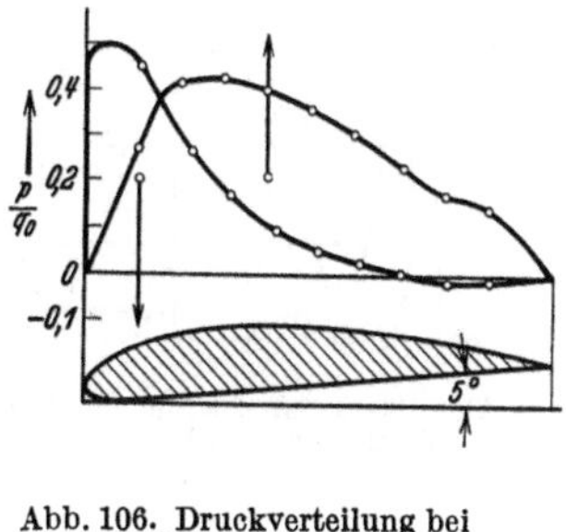

Abb. 106. Druckverteilung bei —5° Anstellwinkel.

erreichen wir hier nur $\frac{p}{q_0} \sim 1{,}2$. Immerhin kommen auch bei diesen Versuchen bereits die Haupteigenschaften des Tragflügels zur Geltung.

Abb. 107. Einstellung des Anstellwinkels Null durch Lot.

### c) Messungen an der Waage.

$\alpha$) **Auftrieb und Widerstand.** Der Tragflügel wird, wie bei den vorherigen Versuchen in die Zweikomponentenwaage eingespannt und zunächst ausgerichtet. Durch ein Schiebegewicht wird das Gewicht ausgeglichen. Die Nullstellung der Auftriebswaage ist hierzu ein bequemes Hilfsmittel. Dann wird der Tragflügel solange gedreht, bis die untere Sehne horizontal liegt. Ein einfaches Hilfsmittel hierzu ist ein einfaches Zeichendreieck, Abb. 107 an dessen Längsseite sich ein Fadenpendel befindet. In dieser Lage stellt man den Flügel fest und stellt gleichzeitig den mit Reibungslager gehaltenen Zeiger der Gradskala auf Null.

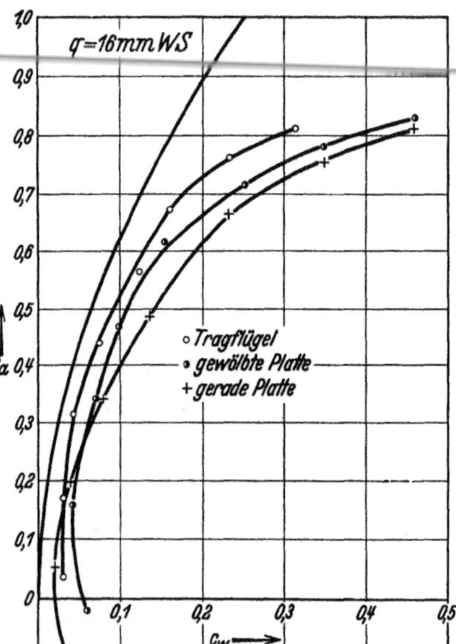


Abb. 108. Polaren sowie Parabel des induzierten Widerstandes. Alle Flächen haben gleiches Seitenverhältnis.

Bei gleicher Geschwindigkeit des Luftstromes stellt man nun verschiedene Anstellwinkel ein und beobachtet die sich ergebenden Ausschläge der Auftriebs- und Widerstandswaage, eine Arbeit, die mit der neuen Waage in wenigen Minuten ausgeführt werden kann. Aus den Meßresultaten berechnen wir mit Hilfe der Formeln $A = c_a F \cdot q$ und $W = c_w \cdot F q$ die $c_a$- und $c_w$-Werte, die in Abb. 108 aufgetragen sind. Die sich ergebende Kurve ist die sog. Polare. In Abb. 108 ist auch die Parabel des induzierten Widerstandes $c_w = \frac{c_a^2}{\pi} \frac{F}{b^2}$ eingetragen. Das Seitenverhältnis beträgt $\frac{98}{78} = 1{,}26$, so daß sich ergibt

$$c_w = \frac{c_a^2}{\pi} \frac{1}{1{,}26} = \frac{c_a^2}{3{,}95}$$

Trotz des kleinen Seitenverhältnisses ist die Polare des Flügels ziemlich parallel laufend mit der theoretischen Parabel, ein Beweis, daß selbst bei diesen kleinen Abmessungen die Tragflügeltheorie noch brauchbar ist. Abb. 109 zeigt $c_a$ und $c_w$ auch in Abhängigkeit vom Anstellwinkel $\alpha$. Das Verhältnis $\frac{c_w}{c_a} = \operatorname{tg}\alpha$ ergibt den Gleitwinkel. Abb. 109 enthält auch diese Werte, die bei $\alpha \sim 4°$ ein Minimum zeigen. Es ist die Stelle, bei der im Polardiagramm die steilste Tangente gezogen werden kann.

Um durch diese einfachen Versuche einen schnellen Überblick über den Einfluß von Wölbung und Dicke zu erhalten, untersuchen wir noch eine gerade Platte, sowie eine gewölbte Platte, deren mittlere Erhöhung $\frac{1}{10}$ der Tiefe ist. Auch diese Polaren sind in Abb. 109 aufgetragen. Die Ergebnisse zeigen ebenso deutlich, wie die in Band I vermerkten genauen Werte (I, S. 108) die dort angedeuteten Eigenschaften. Wegen den kleineren Reynoldschen Zahlen und dem Einfluß des endlichen Strahles ist der Unterschied zwischen Tragflügel und Platte etwas kleiner wie in Wirklichkeit.

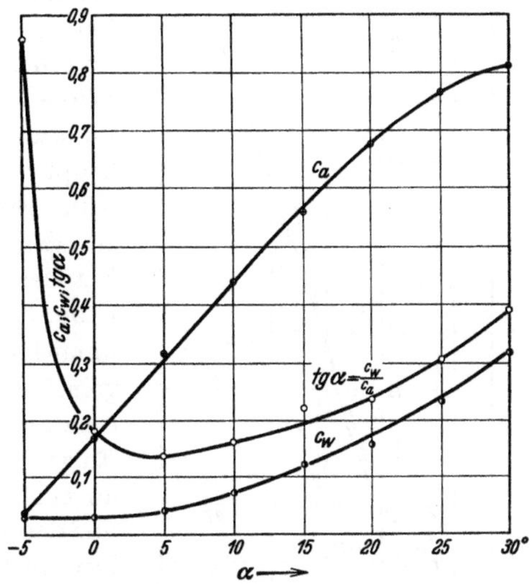

Abb. 109. Auftriebs- und Widerstandsbeiwerte des Tragflügels in Abhängigkeit vom Anstellwinkel.

Man wird erstaunt sein, daß überhaupt bei dem schlechten Seitenverhältnis $\sim \frac{1}{1}$ die Tragflügeltheorie noch brauchbare Ergebnisse liefert, zumal der Ersatz eines so kurzen Flügels durch einen tragenden Wirbelfaden hier sehr problematisch erscheint. Die Ausführungen von I: S. 105 u. ff. zeigten bereits die diesbezüglichen Großversuche. Schilhansl[1] führt diese Erscheinung darauf zurück, daß bei kurzen Flügeln die an den Flügelenden nach hinten abgehenden Wirbeln in einem gewissen Bogen aus dem Flügel heraustreten und demzufolge ihr Abstand größer wie die Flügelbreite wird. Wir merken uns, daß wir uns diese Erscheinung hier zunutze machen können durch Flügel mit kleinem Seitenverhältnis, so daß bei den kleinen Geräten größere, d. h. leichter herstellbare Profile entstehen.

Über den Einfluß der Reynoldschen Zahl ist noch einiges zu sagen. Wir errechnen hier nur ein ca. max $\sim$0,8, während bei Großversuchen $\sim$1,2 erreicht wird. Tatsächlich wirkt sich unsere kleinere Reynoldsche Zahl so aus, daß die max. Auftriebswerte kleiner werden. Bestätigt wird dies auch durch kürzliche amerikanische Messungen[2], bei denen ebenfalls nur ca. max 0,8 $\sim$ bei kleineren Reynoldsche Zahlen erreicht wurde. Gleichzeitig wurde festgestellt, daß Oberflächenrauigkeiten hier kaum

[1] Schilhansl: Der induzierte Widerstand von Flügeln mit kleinem Seitenverhältnis. Luftfahrt-Forschung Bd. 12, S. 55 (1935).

[2] Hooker, Ray W: The aerodynamic characteristics of airfoils as affected by surface roughness. N.A.C.A. Techn. Note 457 (1933).

einen Einfluß haben, während bei höheren $R$-Werten die gleichen Rauigkeiten das $c_{a\,max}$ um ca 40% verminderten. Diese Erscheinung steht im Einklang mit unseren Bemerkungen über laminare und turbulente Grenzschichten I, Abb. 59, S. 61. Bei laminaren Grenzschichten, die bei Versuchen mit kleinen Windkanälen vorhanden sind, spielt die Rauigkeit fast keine Rolle.

Neben einer steigenden Vergrößerung des Profilwiderstandes mit wachsendem Anstellwinkel ist die Verminderung von $c_{a\,max}$ der Hauptunterschied unserer Messungen gegenüber den genaueren Forschungsergebnissen.

$\beta$) **Momentenmessung.** Die Zweikomponentenwaage gestattet wohl den Auftrieb und den Widerstand und damit auch die Größe der Resultierenden zu messen, jedoch nicht den Angriffspunkt dieser Luftkraft. Diese Lage ist deshalb von großer Bedeutung, weil der Schwerpunkt der ganzen Maschine wenigstens in der Nähe dieses Punktes liegen muß, wenn man überhaupt Stabilität des Flugzeuges erzielen will. Eine Dreikomponentenwaage ist zur Ermittlung dieser Lage notwendig. Mit der neuen Dreikomponentenwaage (Abb. 17) wird durch eine dritte Waage unmittelbar das Moment des Tragflügels gemessen. Um leichtmeßbare Kräfte zu erhalten, ist der Befestigungshebel des Flügels etwas gekröpft, so daß die Kräfte an einem größeren Hebelarm angreifen und dadurch größere Momente entstehen. Der Aufbau der Waage enthält durchweg Elemente gleicher Größe. (Die Waage würde unnötig kompliziert werden, wenn der Meßbereich der Momentenwaage wesentlich anders wäre wie der der übrigen Waagen.) Durch ein auf Abb. 17 erkennbares Ausgleichsgewicht muß zunächst der Schwerpunkt des Tragflügels so reguliert werden, daß er in der Drehachse der Waage liegt. Man erkennt dies daran, daß die Momentenwaage auf Null steht.

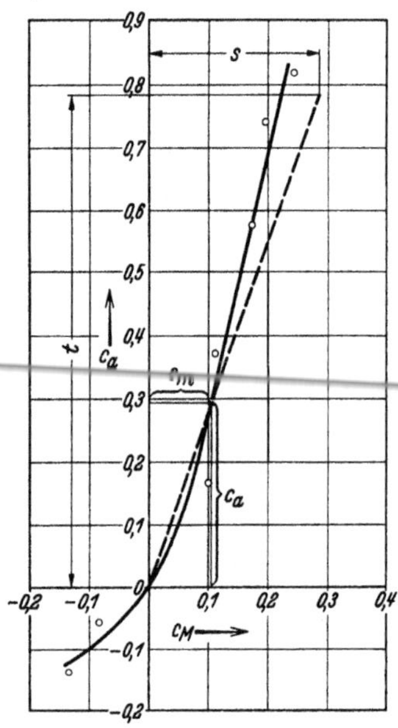


Abb. 110. Momentenbeiwert des Tragflügels in Abhängigkeit vom Auftriebsbeiwert. Bestimmung des Druckpunktes.

Da der Widerstand, absolut genommen, viel kleiner als der Auftrieb ist und zudem der Hebelarm des Widerstandes sehr klein ist, kann man in erster Näherung den Beitrag dies Widerstandsmomentes zum Gesamtmoment vernachlässigen. Es bleibt somit nur das Moment von $A$ übrig, so daß $M = s' \cdot A$ ist, wobei $s'$ der Abstand des Auftriebs an der Drehachse ist. Da die Momentmeßskala unmittelbar das Moment in $g \cdot$ cm angibt, und $A$ an der Auftriebswaage in $g$ abgelesen werden kann, erhält man die Entfernung des Angriffspunktes vom Drehpunkt aus $s' = \frac{M}{A}$, d.h. die

Division beider Ablesewerte ergibt direkt die Lage des „Druckmittelpunktes" in cm.

Im Interesse einheitlicher Bezeichnungen hat man sich, wie in I, S. 110 dargelegt wurde, dahin geeinigt, daß das Moment auf den vorderen sog. Momentenpunkt bezogen wird und demzufolge eine Momentenbeizahl $c_m$ definiert wird.

$$M_0 = c_m \cdot t \cdot q \cdot F \quad (t = \text{Flügeltiefe}).$$

In Abb. 110 ist für den oben durchgemessenen Tragflügel $c_m$ in Abhängigkeit von $c_a$ aufgetragen. Es ergibt sich ungefähr eine gerade Linie mit der Neigung 1:4, wie auch die Messungen an größeren Windkanälen bestätigen.

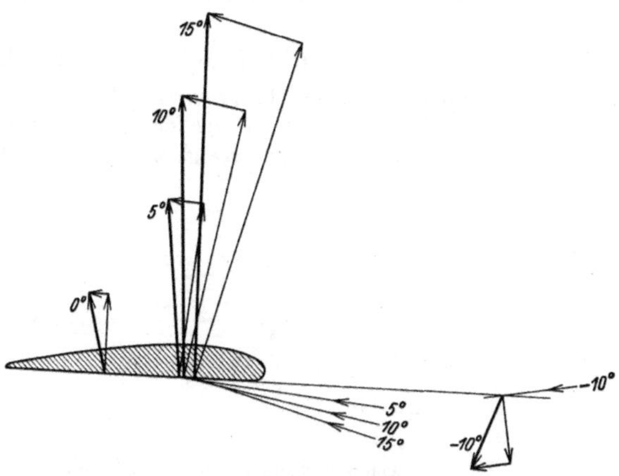

Abb. 111. Lage und Größe der Luftkräfte bei verschiedenen Anstellwinkeln. Auswertung einer Messung an der Dreikomponentenwaage.

Aus der $c_m$-$c_a$-Kurve läßt sich noch durch eine einfache geometrische Konstruktion die Lage des Druckmittelpunktes ermitteln. Da das Moment bezogen auf die Vorderkante

$$A \cdot s = c_m \cdot t \cdot q \cdot F$$

ist, und $A = c_a \cdot F \cdot q$ ist, erhält man

$$\frac{A \cdot s}{A} = s = \frac{c_m \cdot t \cdot q \cdot F}{c_a \cdot q \cdot F} = \frac{c_m \cdot t}{c_a}$$

hieraus $\frac{c_m}{c_a} = \frac{s}{t}$. Zeichnet man deshalb für irgendeinen Versuchspunkt eine Gerade durch den Nullpunkt, so ergeben sich nach Abb. 108 einige ähnliche Dreiecke, aus denen der Abstand $s$ von der Vorderkante sofort abgegriffen werden kann, wenn auf der Ordinate $t$ aufgetragen wird.

In Abb. 111 ist noch die Lage, Größe und Richtung der Luftkraftresultierenden nach der letzten Messung eingezeichnet. Auch die Komponenten der Resultierenden: Auftrieb und Widerstand sowie die jeweilige Anströmrichtung sind eingezeichnet. Man erkennt sehr gut, daß mit wachsenden Anstellwinkeln die Luftkraft nach vorne rückt. Dies ist bekanntlich auch der Grund, weshalb ein Flügel allein instabil ist.

## VI. Schraubenversuche.

Schraubenpropeller erfahren eine so vielseitige Verwendung, daß es sich bereits für den Anfänger lohnt, gewisse einfache Gesetzmäßigkeiten kennen zu lernen, die auch bei der rein experimentellen Behandlung von Nutzen sind.

Ob es sich um Propeller von Flugzeugen, Schiffsschrauben, Helikopterschrauben, Windmühlenflügel od. dgl. handelt, für alle Fälle lassen sich gewisse gemeinsame Angaben machen, die das Verständnis für ihre Wirkungsweise ungemein erleichtern. Da die auf der Tragflügeltheorie beruhende genaue Berechnung für den Anfänger etwas schwere Kost sein dürfte, ist es sehr zu begrüßen, daß mit der als „Strahltheorie" bezeichneten Behandlung ein gewisser Einblick möglich ist.

## 1. Einige Ergebnisse der Strahltheorie.

Wir denken uns einen Flugzeugpropeller mit der Fluggeschwindigkeit $w$ in horizontaler Bewegung. Der Propeller übt eine Zugkraft $Z$ aus und überwindet damit den gleich großen Widerstand $W$ des ganzen Flugzeuges. Um unsere Vor-

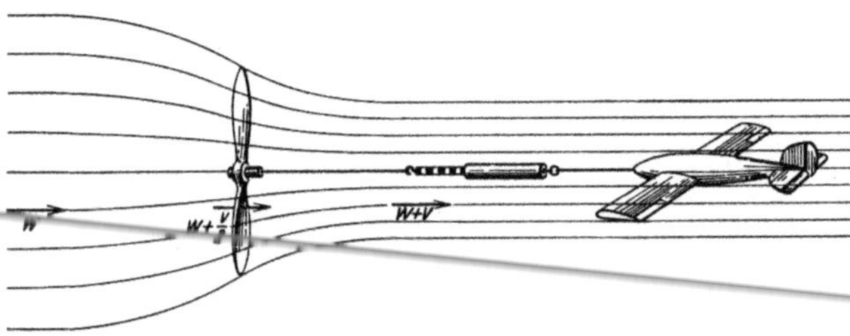

Abb. 112. Trennung von Luftschraube und Flugzeug zwecks Veranschaulichung der Zugkraft.

stellung zu erleichtern, denken wir uns das Flugzeug zunächst durch ein Zugseil mit Federwaage vom Propeller getrennt, so daß die Waage direkt die Zugkraft $Z$ anzeigt (Abb. 112).

Wie wird die Luft nun den Propellerkreis durchströmen und wie wird sie sich vorher und nachher verhalten? Zunächst wollen wir uns gar nicht darum bekümmern, wie der Propeller die Zugkraft $Z$ erzeugt und wie der Propeller im einzelnen aussieht. Wir setzen nur voraus, daß ein mit der Geschwindigkeit $q$ bewegter kreisförmiger Körper auf die Luft eine Kraft $Z$ ausübt. Eine derartige Kraftwirkung ist nun nach dem Impulssatz nur möglich, wenn die Luft nach Durchtritt des Propellerkreises eine Geschwindigkeitsvergrößerung erfährt, die wir $v$ nennen wollen. Ist $q$ die sekundlich durchfließende Luftmasse, so ist die Zugkraft $Z = q \cdot v$. Um die äußere Begrenzung der beschleunigten Luftmasse zu erfahren, stellen wir folgende Überlegung an. Wenn wir uns mit dem Propeller, d. h. der Geschwindigkeit $w$ mitfahrend denken, so beobachten wir in einiger Entfernung vor dem Propeller die Luftgeschwindigkeit $w$, in einiger Entfernung hinter dem Propeller jedoch $v + w$, im Propellerkreis selbst wird eine Geschwindigkeit herrschen, die zwischen beiden liegt. Da nun die gleiche Luftmasse vorne eine kleine, hinten jedoch eine größere Geschwindigkeit hat, bildet die Begrenzung einen düsenförmigen Trichter, der irgendwo in der Mitte den Propeller enthält. Durch den Propeller erfährt die angesaugte Luft somit eine Kontraktion.

Eine einfache Betrachtung der Energieverhältnisse ergibt nun sehr schnell die Geschwindigkeit im Propellerstrahl. Die Nutzleistung $L'$ erhalten wir aus der Zugkraft $Z = q \cdot v$ und der Fluggeschwindigkeit $w$ durch $L' = Z \cdot w$. Außer dieser Leistung muß der Propeller noch die Energie bezahlen, die notwendig ist, um den Luftteilchen die absolute Geschwindigkeit hinter dem Propeller zu erteilen. Diese Leistung ist gleich der kinetischen Energie $L'' = \frac{q}{2} v^2$, so daß die gesamte aufzubringende Energie folgenden Wert hat:

$$L = L' + L'' = Z \cdot w + \frac{q}{2} v^2 = q \cdot v \cdot w + \frac{q}{2} v^2 = q \cdot v \left(w + \frac{v}{2}\right) = Z \cdot \left(w + \frac{v}{2}\right)$$

Nennen wir andererseits die uns noch unbekannte Durchtrittsgeschwindigkeit durch den Propellerkreis $v'$, so können wir die Gesamtleistung auch dadurch ausdrücken, daß wir uns die Zugkraft $Z$ mit der Geschwindigkeit $v'$ arbeitend denken, so daß $L = Z \cdot v'$ entsteht. Durch Vergleich ergibt sich $v' = w + \frac{v}{2}$.

Wir erhalten die wichtige, für alle Propellerarten gültige Regel, daß die Durchtrittsgeschwindigkeit durch den Propellerkreis gleich dem arithmetischen Mittel zwischen Vor- und Nachlaufgeschwindigkeit ist[1].

Als Wirkungsgrad der Vorrichtung wird man das Verhältnis $\eta = \frac{\text{Nutzleistung}}{\text{Gesamtleistung}} = \frac{L'}{L' + L''} = \frac{w}{w + \frac{v}{2}}$ einführen. Da $v$ notwendig immer $> 0$ ist, ist der Wirkungsgrad $\eta = 1$ nicht zu erreichen, was um so bemerkenswerter ist, als von Reibungsverlusten noch keine Rede war. Es handelt sich um sog. induzierte Verluste, wie sie auch beim Tragflügel vorhanden waren. Nur durch möglichst kleines $v$ können diese induzierten Verluste hinreichend klein gehalten werden. Um eine gegebene Zugkraft $Z = q \cdot v$ zu erreichen, wird man also $q$ möglichst groß wählen müssen, eine Forderung, die gleichbedeutend mit einem möglichst großen Propeller ist. Konstruktiv ist diese Möglichkeit natürlich begrenzt.

Die eben abgeleiteten Beziehungen gelten auch noch, wenn der Propeller keine Fortschrittsbewegung hat, und von der mit der Geschwindigkeit $w$ bewegten Luft angetrieben wird. Bei Windmühlen ist dies der Fall. Hier entsteht die Frage, welche Leistung der Luft maximal entzogen werden kann, wenn der Windmühlendurchmesser gegeben ist (unabhängig von der Flügelkonstruktion als solcher). Ohne Energieabgabe an den Flügel würde eine Luftmasse $F w \varrho$ durch den Schraubenkreis gehen, die die kinetische Energie $L_0 = F \cdot w \cdot \varrho \cdot \frac{1}{2} w^2 = F \frac{1}{2} \varrho w^3$ besitzt. Man neigt zunächst zu der Annahme, daß dies auch die maximale Energie darstellt, die ein Windflügel der Luft entnehmen kann. Dies ist aber bei weitem nicht der Fall. Da der Windflügel die Luft verzögert, braucht die abziehende Luft einen größeren Querschnitt, der schließlich unendlich groß werden müßte, wenn die Windgeschwindigkeit auf Null verzögert würde, was notwendig wäre, wenn die ganze Energie $\frac{1}{2} \varrho F w^3$ verwertet würde.

Wir nehmen deshalb an, daß die Windgeschwindigkeit $w$ nur auf $w'$ verzögert wird, so daß die Energie $\frac{q}{2}(w^2 - w'^2)$ für den Windflügel verfügbar ist. Die sekundlich durch-

[1] Dies gilt unter der hier stillschweigend gemachten Voraussetzung, daß die Luftteilchen keine Drehbewegung machen. Tatsächlich ist eine solche vorhanden, weil ja schon die Übertragung des Motordrehmomentes auf die Schraube nach dem Drallsatz einen entsprechenden Drall der Luft bedingt. Nun sind allerdings diese Drehbewegungen im Verhältnis zu den Durchtrittsgeschwindigkeiten so klein, daß tatsächlich der Satz auch beim wirklichen Propeller in erster Näherung zutrifft.

fließende Masse $q$ läßt sich nun durch die oben abgeleitete Mittelgeschwindigkeit $\frac{w+w'}{2}$ ausdrücken: $q = \frac{w+w'}{2} \cdot F \cdot \varrho$ ($F$ = Schraubenkreisfläche); hiermit wird die verwertbare Leistung: $L = \frac{q}{2}(w^2 - w'^2) = \frac{F \cdot \varrho}{4}(w+w')\,(w^2 - w'^2)$. Vergleichen wir diese mit $L_0 = \frac{1}{2}\varrho F w^3$, so entsteht

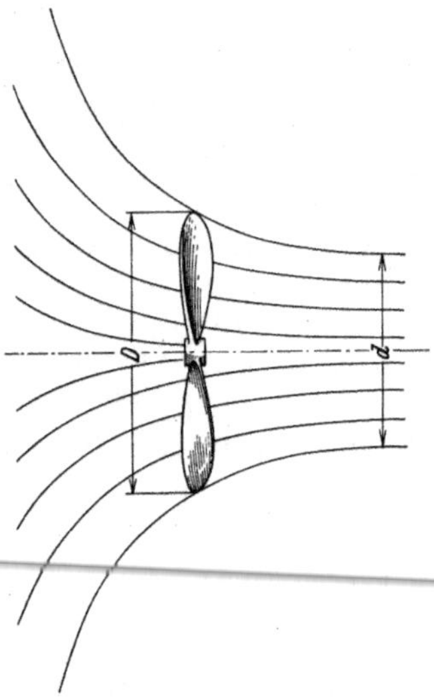

Abb. 113. Kontraktion des Schraubenstrahles bei der „Schraube am Stand".

$$\frac{L}{L_0} = \frac{1}{2}\left(1 + \frac{w'}{w}\right)\left[1 - \left(\frac{w'}{w}\right)^2\right]$$

$\frac{L}{L_0} = f\left(\frac{w'}{w}\right)$ hat nun bei einem bestimmten Wert von $\frac{w'}{w}$ ein Maximum. Aus $\frac{d\left(\frac{L}{L_0}\right)}{d\left(\frac{w'}{w}\right)} = 0$ erhält man dieses Maximum bei $\frac{w'}{w} = \frac{1}{3}$. Es ergibt sich dann $\frac{L}{L_0} = \frac{16}{27}$, d.h. nur ca. 60% der tatsächlichen Luftenergie kann überhaupt verwertet werden, selbst wenn im Windflügel keinerlei Reibungsverluste vorhanden sind.

Wichtig ist noch der Fall, daß eine angetriebene Schraube keinerlei Vorwärtsbewegung besitzt. Es handelt sich um die „Schraube an Stand". Beim Start des Flugzeuges und beim Hubschrauber ist diese Arbeitsweise vorhanden.

In diesem Falle ist $w = 0$, so daß die Geschwindigkeit im Schraubenstrahl $\frac{v}{2}$ ist. Der beschleunigte Strahl hat also genau die halbe Fläche wie der Propeller, d.h. $d = \frac{D}{\sqrt{2}}$ (Abb. 113).

## 2. Behandlung nach der Tragflügeltheorie.

Die Wirkung eines Propellers kann im einzelnen leicht auf die Tragflügelwirkung zurückgeführt werden. Aus der Aufsichtszeichnung Abb. 114 denken wir uns ein Kreisringelement von der Breite $\Delta r$ herausgeschnitten und den Schnitt an dieser Stelle um 90° herumgeklappt (über dem Propeller eingezeichnet). In diesem Schnitt kann die Bewegung leicht untersucht werden. Das Propellerstück hat eine Umfangsgeschwindigkeit $u = r \cdot \omega$, sowie senkrecht dazu die Fluggeschwindigkeit $w$. Die Zusammensetzung (in Abb. 115 vergrößert gezeichnet), ergibt die resultierende Geschwindigkeit $c$. Denken wir uns den Propeller stillstehend und die Luft mit der entgegengesetzt gerichteten Geschwindigkeit ankommen, so erkennen wir deutlich, daß das Profil unter einem Anstellwinkel $\alpha$ (Abb. 115) angeströmt wird. Die Folge ist ein auf der Anströmgeschwindigkeit senkrecht stehender Auftrieb $A$, sowie senkrecht dazu ein Widerstand $W$, die zusammen die Resultierende $R$ ergeben. Letztere zerlegen wir zweckmäßig in eine Umfangskomponente $U$ und eine Schubkomponente $S'$ (in Abb. 115 eingezeichnet). Man denkt sich nun den ganzen Propeller in solch kleine Abschnitte zerlegt und bekommt die Gesamtschubkraft dann durch eine Summierung $S = \Sigma S'$ sowie das vom Motor aufzuwendende Drehmoment aus $M = \Sigma(r \cdot U)$.

Es sei bemerkt, daß die Durchführung dieser Rechnung genau durchführbar ist und befriedigende Übereinstimmung mit den Versuchswerten zeigt. Bei den Konstruktionen wird man Blattbreite, Anstellwinkel, sowie Profil so wählen, daß die Verluste möglichst gering sind.

Aus Abb. 115 läßt sich bereits einiges über Propellereigenschaften ablesen. Wenn bei gleichbleibendem $\omega$ (d.h. gleicher Drehzahl des Motors) die Fluggeschwindigkeit $w$ sich ändert, so ändert sich der Anstellwinkel des Profils. Für $w = 0$ ist er so groß, daß die Strömung meist abreißt. Dies ist gerade beim Starten der Fall (daher das Bestreben, mit Verstellpropellern eine günstigere Anpassung an die jeweilige Fluggeschwindigkeit zu erreichen). Mit wachsendem $w$ erreichen wir schnell den günstigsten Gleitwinkel. Dann wird der Auftrieb immer kleiner, bis schließlich ein Schub überhaupt nicht mehr vorhanden ist. Wenn man in diesem Falle den Propeller mit einer Gewindeschraube, die in festes Material geschraubt wird, vergleicht, so trifft man den Sachverhalt sehr gut.

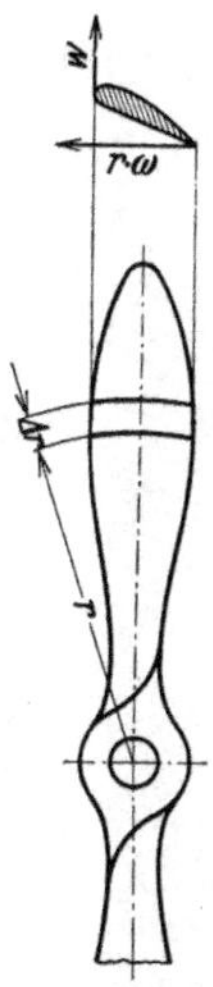


Abb. 114. Luftschraube mit Teilelement zur Festlegung der Bezeichnungen.

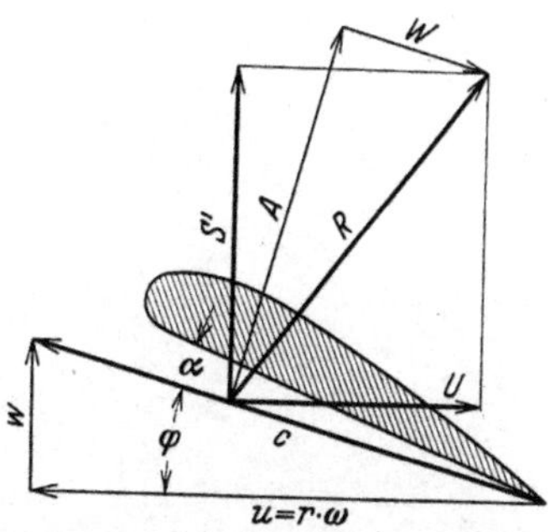


Abb. 115. Bewegung eines Elementes einer Luftschraube. Zerlegung der an diesem Elemente wirkenden Kräfte.

Der Wert $\lambda = \frac{w}{r \cdot \omega} = \operatorname{tg} \varphi$ wird meist als Fortschrittsgrad bezeichnet und als dimensionsloses Maß der Anströmgeschwindigkeit verwertet.

## 3. Versuche mit Propellern.

Zur Untersuchung eines Propellers benutzen wir eine kleine Holzschraube, die von einem kleinen Elektromotor angetrieben und nach Abb. 116 mit einem Stiel an der Zweikomponentenwaage befestigt wird. Das Ganze kann allein untersucht werden, oder aber auch im Luftstrom des Windkanals.

Zunächst überzeugen wir uns durch die Flammensonde, die wir an den Rand des Propellerstrahles halten, von der Kontraktion des Strahles. Kurze Zeit darf ohne Schaden die Flamme durch den Propeller schlagen. (Beim Durchschlagen der Flamme vernimmt man einen heulenden Ton, dessen Höhe bzw. Schwingungszahl aus Drehzahl $\times$ Blattzahl bestimmt werden kann.) Auch mit Fäden läßt sich die Kontraktion gut nachweisen. Bei gleichzeitig angestelltem Luftstrom ist die Kontraktion, wie auch aus früheren Überlegungen hervorgeht, geringer. Fäden, die man in den beschleunigten Luftstrahl hält, zeigen eine kleine Neigung gegen die Umfangsrichtung, ein Zeichen für die Umfangskomponenten.

Durch einige Meßversuche wollen wir uns Auskunft über einige Betriebsverhältnisse verschaffen.

Abb. 116. Kleiner Propellerprüfstand, bestehend aus Zweikomponentenwaage, Elektromotor mit Luftschraube sowie kleinen Windkanal.

Die Versuchsanordnung geht aus Abb. 116 hervor. Der Propeller, der an der Zweikomponentenwaage befestigt ist, übt einen Zug nach dem Windkanal hinaus. Durch den Luftstrom des Windkanals wird diese „Saugkraft" verringert. Bei abgestelltem Windkanal zeigt der Propeller die größte Schubkraft an. In Abhängigkeit von der Windgeschwindigkeit wurde diese Schubkraft gemessen, und in Abhängigkeit vom sog. Fortschrittsgrad $\lambda = \frac{w}{r \cdot w} = \frac{\text{Windgeschwindigkeit}}{\text{Umfangsgeschwindigkeit}}$ aufgetragen (Abb. 117). (Die Einführung des Begriffes „Fortschrittgrades" ist von Nutzen, weil diese dimensionslosen Zahlen einen unmittelbaren Vergleich mit anderen Versuchen gestatten.) Bei einer bestimmten Anblasegeschwindigkeit, d. h. auch Fortschrittsgrad (hier bei $\lambda = 0{,}35$), wird die Schubkraft gleich Null. In erster Näherung bewegt sich die Schraube, wie bereits oben bemerkt, gegenüber der Luft in diesem Falle so, wie etwa eine Schraube, die in ein festes Material eingedreht wird. Eine Schubkraft wird bei dieser Bewegung nicht erzeugt. Der Motor wurde bei den Versuchen sich selbst überlassen. Die Drehzahl stieg bei Steigerung der Anblasegeschwindigkeit

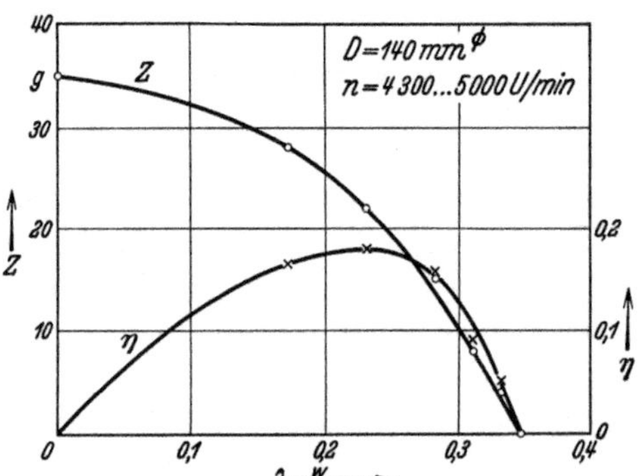


Abb. 117. Schub und Wirkungsgrad in Abhängigkeit vom Fortschrittsgrad.

von 4300 auf 5000, woraus hervorgeht, daß das Drehmoment bei der Windgeschwindigkeit Null am größten ist. Das kommt nach obigen Feststellungen daher, weil in diesem Falle die Strömung an der Schraube wegen zu großem Anstellwinkel abreißt und ein großer Widerstand entsteht. (Die schlechte Ausnutzung der Motorleistung beim Start der Flugzeuge hat dieselbe Ursache.)

Die vom Motor abgegebene Leistung ergibt sich aus dem Drehmoment $M$ und der Drehzahl $n$ zu $N_{eff} = \frac{M \cdot n}{71620}$ ($M$ in cm · kg und $n$ in Umdr./min). Das Drehmoment wird nach der Anordnung von Abb. 116 durch die Auftriebswaage angezeigt. Der scheinbare Auftrieb mal dem Hebelarm ist gleich dem Drehmoment. Die Luftleistung ist nach früherem $\frac{Z \cdot w}{75}$ PS, so daß der Wirkungsgrad des Propellers $\eta = \frac{Z \cdot w}{75 \cdot N_{eff}}$ bekannt ist. In Abb. 117 ist der Wirkungsgrad ebenfalls in Abhängigkeit vom Fortschrittsgrad aufgetragen. Es ergibt sich ein Bestwert von 18% bei einem Fortschrittsgrad von 0,24. Daß der Wirkungsgrad, absolut genommen, sehr klein ist, kommt daher, weil der Widerstand des Motors und der Haltestange der Schraube zur Last gerechnet wird. (Durch Widerstandsmessungen ohne Propeller kann dieser Einfluß auch noch beseitigt werden.)

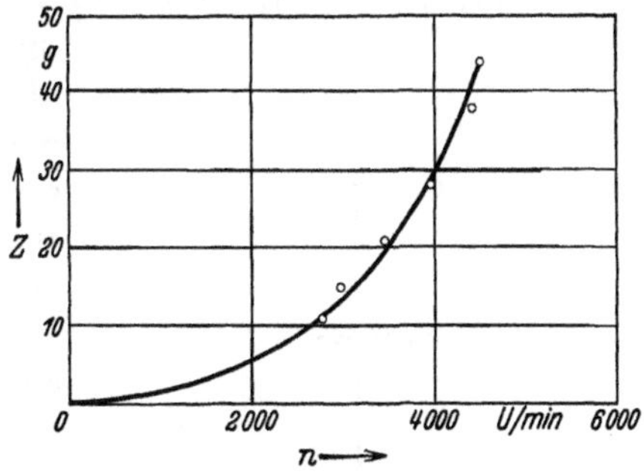


Abb. 118. Schub in Abhängigkeit von der Drehzahl. Schraube am Stand.

Abb. 119. Stroboskop zum Messen der Drehzahl eines Propellers.

„Die Schraube am Stand" wurde noch in einer besonderen Meßreihe untersucht. Ohne Windkanal wurde einfach die Schubkraft in Abhängigkeit von der Drehzahl gemessen. Abb. 118 zeigt das Ergebnis. Die Versuchspunkte müssen auf einer Parabel liegen, was sehr gut zutrifft.

Sowohl bei der letzten Messung wie bei der Ermittlung des Wirkungsgrades war die Drehzahl zu bestimmen. Die direkte Messung ist unmöglich, weil durch ein Tachometer die Drehzahl des kleinen Motors sehr sinken würde; deshalb wurde die stroboskopische Messung herangezogen. Das hierzu gebaute Gerät Abb. 119 besitzt eine, von einem regelbaren Motor angetriebene Scheibe, die vier Löcher enthält. Ein mit dem Motor gekuppeltes Tachometer zeigt die Drehzahl an. Man hält dieses Instrument gegen den laufenden Propeller und verstellt so lange die Drehzahl, bis man den Propeller stehen sieht. Das Tachometer zeigt dann die halbe Drehzahl des Propellers an (da der Propeller zwei Blätter hat und die Scheibe vier Löcher enthält, ergibt sich eine Halbierung). Wenn das Stroboskop ein weiteres ganzzahliges Vielfaches anzeigt, sieht man 4:8:12 usw. Propellerblätter stillstehen. Es ist darauf zu achten, daß man die Drehzahl einstellt, bei der die wirkliche Anzahl Propellerblätter gesehen wird.

Abb. 120. Schwebeversuch mit Propeller. Rotierender Propeller steigt. Stillstehender Propeller fällt herunter.

Die aufgenommenen Kennlinien geben ein gutes Bild von Arbeits- und Wirkungsweise eines Propellers. Das Bild, das sich bei diesen „Kleinstversuchen“ ergibt, ist das gleiche, wie bei Großversuchen, nur daß dort selbstverständlich bessere Wirkungsgrade erzielt werden.

Vom Luftstrom angetriebene Schrauben sind beim senkrechten Fallen des Autogiroflugzeuges sowie beim Fallen des Hubschraubers von Bedeutung. Der Vorgang kann experimentell sehr gut durch Schwebeversuche dargestellt werden. In der gleichen Weise, wie auf S. 57 Widerstandskörper untersucht werden, bringen wir jetzt eine auf der Führungsstange leicht gleitende Schraube in den Luftstrom. Durch den Luftstrom angetrieben, wird dieselbe steigen und sich in einer bestimmten Höhe einstellen (Abb. 120). Wenn man den Propeller festhält und ihn dann losläßt, so fällt er, ein Zeichen, daß durch die Rotation ein bedeutend größerer „Widerstand“ erzeugt wird, der in diesem Falle sehr nützliche Dienste leistet. Die Größenordnung des Widerstandes ist die gleiche wie bei einer Kreisplatte, die den gleichen Durchmesser hat. Bringt man nämlich eine solche Platte, die natürlich das gleiche Gewicht wie der Propeller haben muß, an die Gleitstange, so beobachtet man ungefähr die gleiche Einstellhöhe.

## 4. Versuche mit einem Autogiromodell.

Die Wirkungsweise der vom Luftstrom angetriebenen Windmühlenschraube beim Autogiroflugzeug von de la Ciava kann durch einige Schauversuche leicht dargestellt werden. Diese Versuche dürften das Verständnis der dem Anfänger vielleicht etwas schwierigen Vorgänge sehr erleichtern.

Das Modell besteht aus drei Klappflügeln (Abb. 121), die sich in Scharnieren nach oben frei bewegen können, nach unten jedoch an einem Anschlag anliegen. Eine Spiralfeder dient uns als Führung für die Schwebestange. Im senkrechten Luftstrom beobachten wir zunächst, daß in-

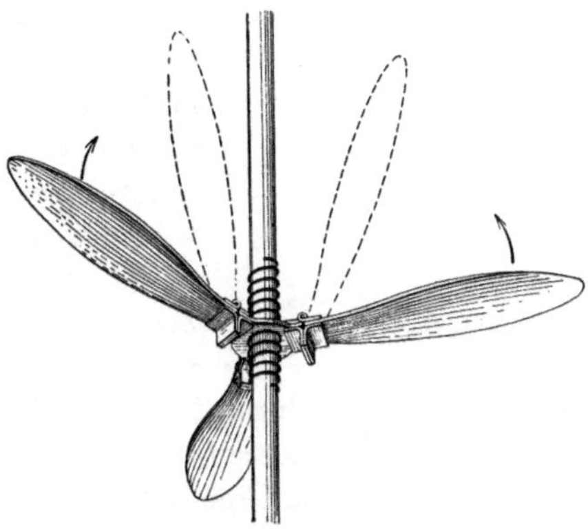

Abb. 121. Klappflügel (Autogiroflügel).

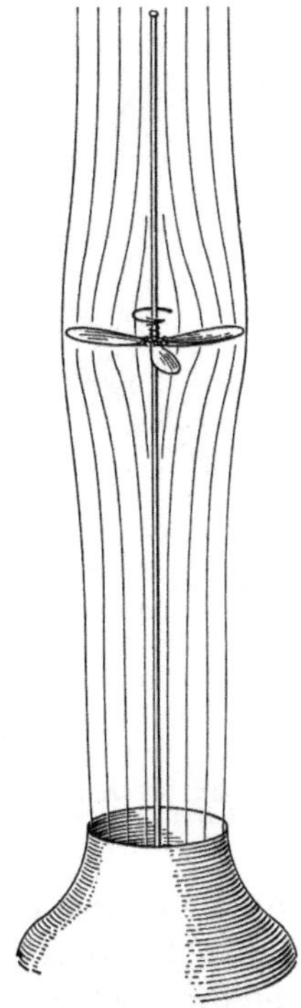

Abb. 122. Rotierende Autogiroschraube freischwebend an Schwebestange.

folge des Luftwiderstandes die Flügel einfach nach oben zusammenklappen. Geben wir dem Modell dann einen Drehstoß, so senken sich die Flügel bei steigender Drehzahl immer mehr, bis schließlich kaum mehr eine Abweichung von der horizontalen Lage zu beobachten ist (Abb. 122). Gleichzeitig klettert das Modell hoch. Selbst bei der kleinsten Windgeschwindigkeit des Kleinstwindkanales (Abb. 9) steigt das Modell bis an den Anschlag der Stange. Abb. 121 erklärt uns diese Arbeitsweise. Durch die Drehung entsteht eine Zentrifugalkraft $Z$, die mit dem senkrecht auf den Flügel wirkenden Auftrieb $A$ die Resultierende $R$ ergibt. Da der Flügel dreh-

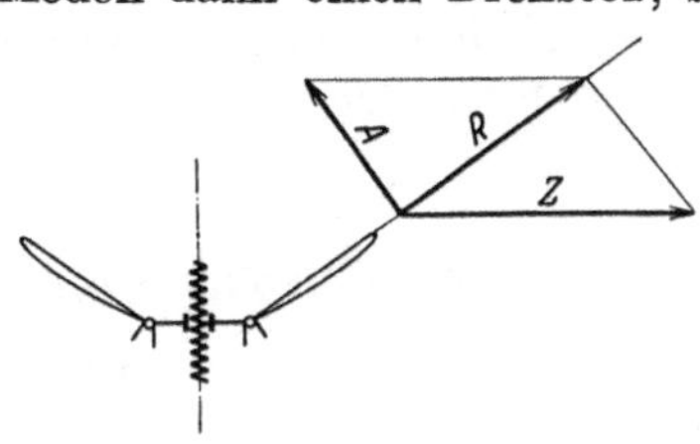


Abb. 123. Kräftewirkung beim rotierenden Klappflügel.

bar ist, stellt er sich in die Richtung der Resultierenden ein. Wenn wir bei dem angedeuteten Versuch diese Neigung kaum erkennen können, so liegt das daran, daß die Zentrifugalkraft groß ist gegen den Auftrieb, so daß nur ein ganz flacher Winkel entsteht. (Die Neigungswinkel, die sich beim Autogiroflugzeug ergeben, sind in der Gegend von 15°.)

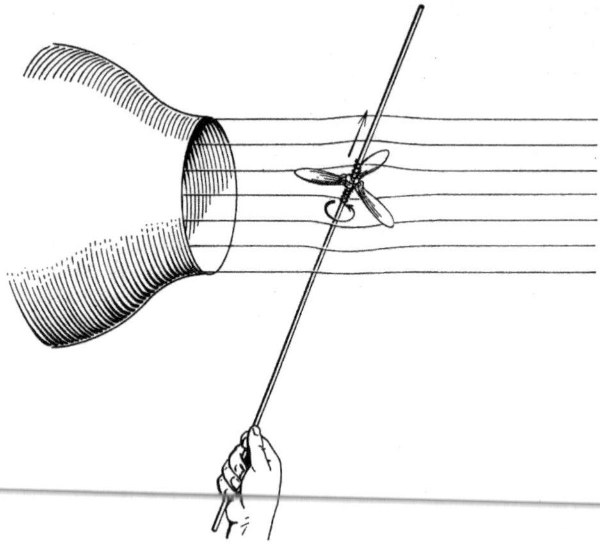

Abb. 124. Autogiromodell im waagerechten Luftstrom. Das Modell klettert an der schräg gehaltenen Führungsstange hoch.

Im waagerechten Luftstrom halten wir das Modell mit der Gleitstange etwas schräg in den Luftstrom Abb.124. Hiermit stellen wir genau die Betriebsweise des Autogiroflugzeuges her. Der Windflügel dreht sich und steigt gleichzeitig, ein Zeichen, daß durch diese Anordnung ein Auftrieb erzeugt wird. Man kann bei langsameren Umdrehungen auch gut beobachten, wie die Flügel bei einer ganzen Drehung „atmen", d.h. auf- und abgehen. Dies kommt daher, weil die relative Anblasegeschwindigkeit und die Anstellwinkel bei einer Umdrehung sich erheblich ändern und infolgedessen die Richtung der Resultierenden periodisch wechselt. Es ist das große Verdienst de la Ciervas, durch die sehr geistreiche klappbare Anordnung der Flügelblätter, die Drehachse von allen Momenten befreit, und gleichzeitig eine äußerst günstige Beanspruchung der Flügelblätter ermöglicht zu haben.

## VII. Versuche zur Demonstration der Gesamtbewegung eines Flugzeuges.

### 1. Autorotationserscheinungen.

Die selbständige Drehung eines irgendwie drehbar gelagerten Körpers nennt man Autorotation. Es handelt sich um Erscheinungen, die unter Umständen sehr lästig werden können. Denn gerade der Tragflügel hat in bestimmten Lagen die Neigung, Drehungen um eine Achse auszuführen und sich wie ein Windflügel zu drehen. Bei Trudeln spielen diese Vorgänge eine wichtige Rolle. Einige charakteristische Versuche sollen über diese Bewegungen Aufschluß geben.

Wir bringen einen kreisförmig gebogenen Flügel nach Abb. 125 auf unsere Schwebestange. Als Führung an der Stange dient eine Spiralfeder. Im senkrechten Windstrom bleibt der Flügel stehen und liegt unten auf; sobald wir jedoch dem Flügel einen Drehstoß geben, bleibt er in Rotation (flaches Trudeln). Die Drehzahl steigt langsam und der ganze Flügel steigt an der Gleitstange empor. Man sagt der Flügel autorotiert. Die Erklärung ist an Hand des Geschwindigkeitsdiagramms sehr einfach. Die Luftgeschwindigkeit $w$ setzt sich mit der Umfangsgeschwindigkeit $u$ zu der sehr flachen Absolutionsgeschwindigkeit $c$ zusammen. Der von unten angeströmte Flügel hat eine Luftkraftresultierende $R$, die, wie man erkennt, eine Komponente in Umfangsrichtung hat. Es ergibt sich also eine antreibende Kraft.

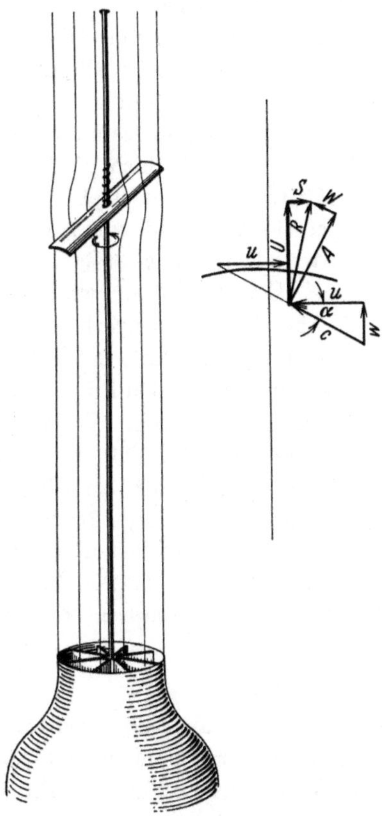

Abb. 125. Autorotationsversuch an der Schwebestange.

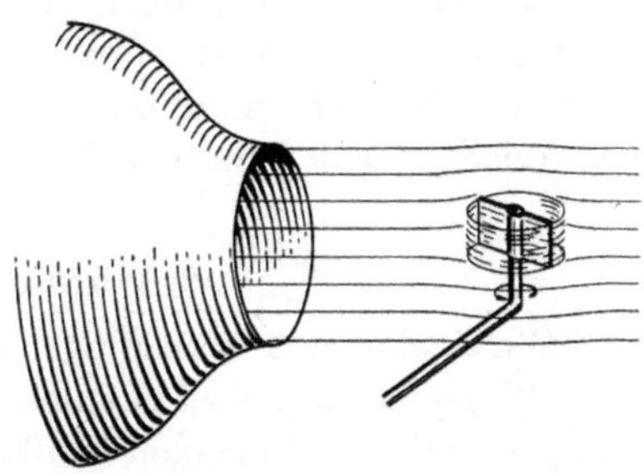

Abb. 126. Autorotation einer in der Mitte gelagerten Platte (Drallprüfer), nach heftigem Anstoß autorotiert die Platte.

Auch das Steigen ist leicht zu erklären. Bei stillstehendem Flügel wirkt nur der Widerstand der proportional dem Quadrate der Windkanalgeschwindigkeit ist, bei der Rotation wirkt der Auftrieb, der proportional $c^2$ ist, d.h. eine vielfach größere Kraft wirkt nun in der Strahlrichtung.

Verwenden wir statt des leicht gebogenen Flügels eine einfache Platte, die in der gleichen Weise gelagert ist, so zeigt sich dieselbe Erscheinung. Die Umfangsgeschwindigkeit ist jetzt allerdings wesentlich kleiner.

Mit dem Drallprüfer ist eine weitere Autorotation zu zeigen. Der kleine Flügel stellt sich quer zum Luftstrom. Sobald man dem Flügel einen **heftigen** Stoß erteilt, dreht er sich mit sehr hohen Drehzahlen. (Abb. 126).

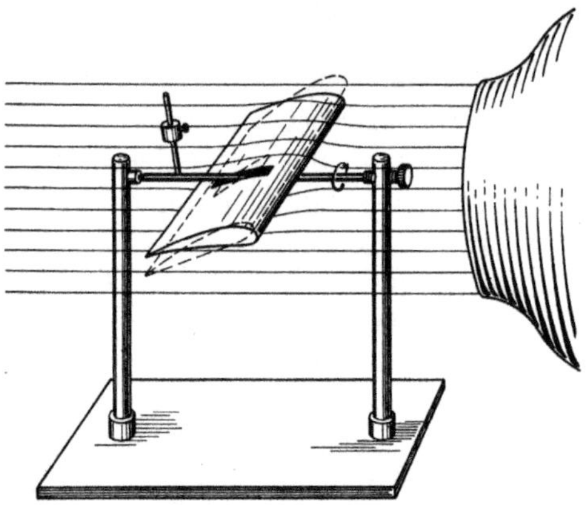

Abb. 127. Autorotation eines Tragflügels bei größeren Anstellwinkeln. Bei normalen Anstellwinkeln starke Dämpfung.

Zwei nach hinten abgebogene Bleche, die vorne drehbar gelagert sind, kommen ebenfalls in Autorotation[1], wenn man einen kleinen Anstoß gibt. Die Bleche, die sehr dünn sein müssen, gehen infolge der Zentrifugalkraft langsam auseinander, bis schließlich ein in der Mitte gelagertes flaches Blech erscheint, daß bis zum Anschlag der Kletterstange steigt.

Ein Tragflügel wird nach Abb. 127 so gelagert, daß er sich um eine der normalen Anstellrichtung parallele Achse drehen kann. Stoßen wir den Flügel an, so wird die Drehung stark gedämpft und schnell aufhören. Vergrößern wir jedoch den Anstellwinkel (gestrichelte Lage von Abb. 125), so genügt ein kleiner Stoß, um eine bleibende Autorotation aufrecht zu erhalten. Beim steilen Trudeln spielt diese Bewegung eine wichtige Rolle. Bei dieser Autorotation ist jedoch die Drehgeschwindigkeit bedeutend kleiner, wie bei der Anordnung nach Abb. 125. (Für den letzten Versuch wird der größere Windkanal mit 300 mm Strahldurchmesser benötigt.)

## 2. Wirkung der *V*-Stellung.

Wir denken uns einen Flügel von vorne gesehen auf beiden Seiten um den Winkel $\alpha$ nach oben geknickt. Diese Anordnung nennt man *V*-Stellung, da mit zunehmenden Winkel $\alpha$ die Vorderansicht einem *V* ähnlich wird. Diese einfache konstruktive Maßnahme verbessert in bemerkenswerter Weise gewisse Stabilitätseigenschaften des Flugzeuges.

Zunächst wollen wir den *V*-Flügel bei schräg anblasendem Luftstrom untersuchen. In Abb. 128 ist der Flügel als ebene Platte bzw. als eine in der Mitte geknickte Platte schematisiert wiedergegeben. Wir betrachten zwei Anblaserichtungen; die erste sei die normale, d. h. eine zur Flügelvorderkante senkrechte Richtung. Die Schnittebene I stellt diese Richtung dar. Die zweite sei gegen der ersten um den Winkel $\beta$ gedreht. Die Schnittebene II kennzeichnet diese Lage. Beim nicht ge-

[1] Es gibt eine Menge derartiger Autorotationserscheinungen. In der Spielwarenindustrie findet man oft ganz interessante Anwendungen dieser Bewegungsformen.

knickten Flügel ist bei schräger Anblasung der gleiche Anstellwinkel auf beiden Flügelseiten vorhanden. Anders jedoch beim geknickten Flügel. Die schräge Schnittebene II schneidet die linke Hälfte des Flügels unter einem anderen Winkel wie die rechte Hälfte. Infolgedessen ändern sich auf beiden Seiten die Anstellwinkel. Der Anstellwinkel gegenüber der ebenen Fläche bleibe in beiden Fällen gleich und ist aus Abb. 126 zu erkennen. ($FG$ und $ED$ sind die Richtungen der Geschwindigkeiten.) Aus der eingezeichneten Raumecke erkennt man leicht, daß der Anstellwinkel der linken Flügelhälfte um $\gamma + \gamma = 2\gamma$ größer ist wie der Anstellwinkel der rechten Hälfte. Zur Berechnung von $\gamma$ betrachten wir die Raumecke $ABCD$ und erhalten

$$AB = AC \cdot \mathrm{tg}\,\alpha;$$

$$AD = AC \frac{1}{\sin\beta}; \mathrm{tg}\,\gamma = \frac{AB}{AD}$$

$$= \mathrm{tg}\,\alpha \cdot \sin\beta.$$

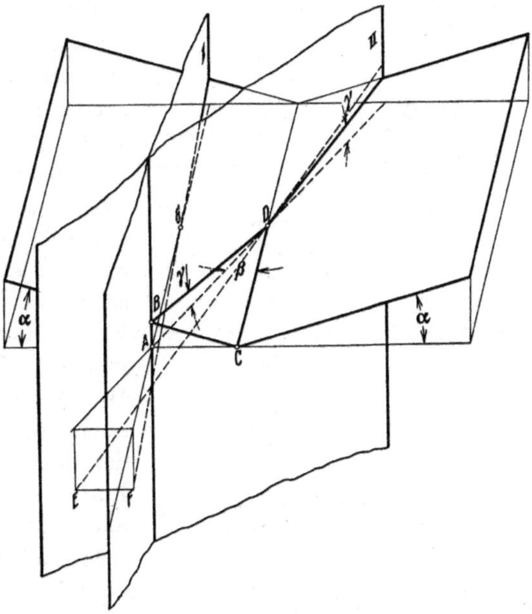

Abb. 128. Geometrische Darstellung der bei der $V$-Stellung wesentlichen Größen.

Bei kleinen Winkeln vereinfacht sich die Gleichung zu $\gamma = \alpha \cdot \beta$.

Da für jede Flügelhälfte die Anstellwinkeländerung gleich ist, erhalten wir einen Gesamtunterschied von $2 \cdot \alpha \cdot \beta$.

Man erkennt, daß bei $V$-Stellung die aerodynamische Anstellwinkeländerung der beiden Flügelhälften prop. dem Winkel $\beta$ der Schräganblasung sowie dem Knickwinkel $\alpha$ ist.

Da die bei Schräganblasung voraneilende Flügelseite einen um $2\,\gamma$ größeren Anstellwinkel erhält, ergibt sich für diese Hälfte

1. ein größerer Auftrieb.
2. ein größerer induzierter Widerstand.

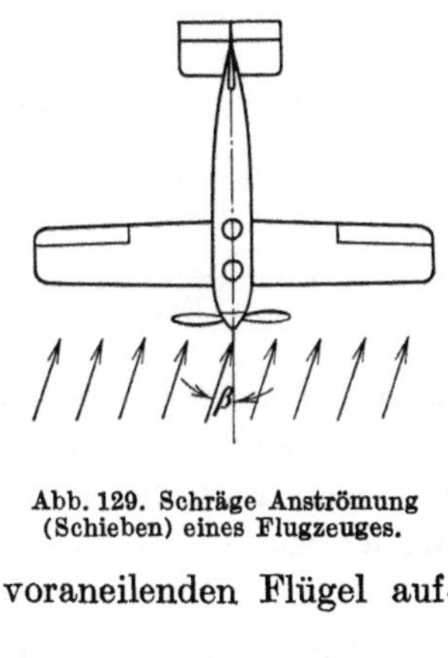

Abb. 129. Schräge Anströmung (Schieben) eines Flugzeuges.

Der letztere übt auf den Flügel ein Drehmoment aus, das den Flügel wieder senkrecht zur Strömungsrichtung stellen will, während der größere Auftrieb den voraneilenden Flügel aufrichtet.

Wir merken uns somit: Ein Flügel mit $V$-Stellung stellt sich von selbst immer so ein, daß die Flügelvorderkante senkrecht zur Flugrichtung steht. Ein nach Abb. 129 „schiebendes" Flugzeug wird sich somit bei $V$-Stellung schnell in die richtige Lage einstellen.

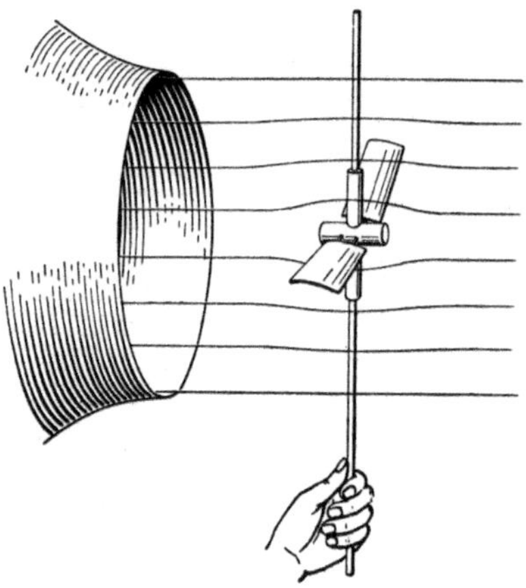

Abb. 130. Nachweis der Stabilität um die Hochachse bei $V$-Stellung.

Die Nachprüfung ist durch einen einfachen Versuch möglich. Zwei kreisförmig gebogene Bleche, die die Tragflügel darstellen sollen, lassen sich durch zwei aufgelötete Nadeln auf einen Korken in jeder Stellung einstecken. Abb. 130. Der Kork enthält ein kurzes Rohr, das auf einer senkrecht gehaltenen Stange gleiten kann. Halten wir diese Anordnung in den großen Luftstrom des kleinen Windkanales (die Düse wird abgenommen), so beobachten wir, daß der Flügel bei $V$-Stellung stabil im Luftstrom bleibt und nach einem Seitenstoß sofort in die normale Lage zurückkehrt. Stecken wir die Flügel so um, daß keine $V$-Stellung mehr vorhanden ist, so ist kein Gleichgewicht erzielbar, der Flügel dreht sich sogar etwas um die Hochachse. Infolge des Auftriebes gleitet das Modell gleichzeitig im Luftstrom hoch.

Auch für Schwankungen um die Flugzeuglängsachse wirkt die $V$-Stellung stabilisierend. Nehmen wir z. B. an, daß das Flugzeug aus irgend einem Anlaß nach Abb. 131 hängt. Die Anstellwinkel sind jetzt auf beiden Seiten gleich, infolgedessen auch die Auftriebe. Der Auftrieb auf der rechten Flügelseite hat jedoch eine nach links gerichtete Komponente, die das ganze Flugzeug nach links verschieben und dem Flugzeug eine zur Flugrichtung senkrechte Geschwindigkeit erteilen wird. Die Zusammensetzung der Geschwindigkeiten ergibt jetzt wieder eine schräge Anblasung und zwar so, daß der hängende Flügel voreilt. Nach den obigen Ableitungen erhält dieser Flügel somit einen größeren Auftrieb, so daß ein aufrichtendes Moment auftritt[1].

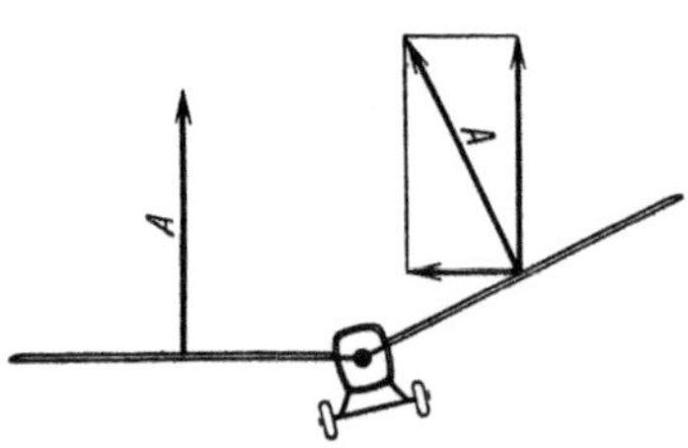


Abb. 131. Kräfteverhältnisse bei Schräglage des Flugzeuges.

[1] Abb. 129 wird in vielen Darstellungen falsch gedeutet. Man betrachtet nur die Kräfte in senkrechter Richtung und stellt dann ein aufrichtendes Moment fest.

Zur experimentellen Nachprüfung muß dem Modell die Möglichkeit dieser Seitenbewegung gegeben werden, da nur im Zusammenhang mit diesem Freiheitsgrad der Effekt der Aufrichtung eintreten kann.

Zu diesem Zweck wird ein ähnliches Modell wie vorhin gebaut. Ein durch den Korken durchgehendes Rohr enthält an einem hinteren Korken noch ein Leitwerk, was bei diesem Versuch notwendig ist. Die durch-

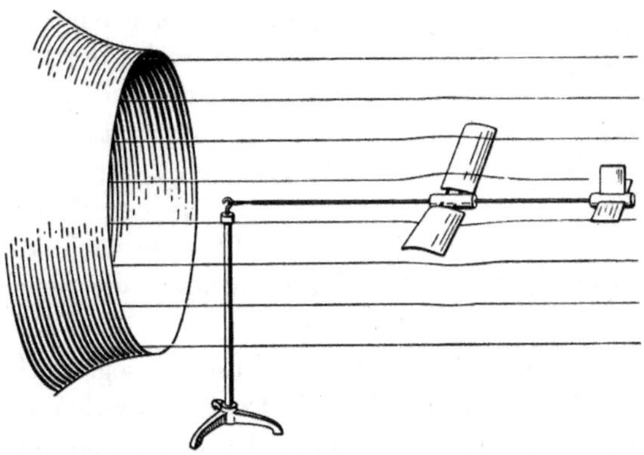

Abb. 132. Nachweis der Stabilität um die Längsachse bei *V*-Stellung.

gehende Stange, die den Rumpf des Flugzeuges darstellt, wird vorne an einem Faden allseitig beweglich auf einer Stativstange befestigt und das ganze nach Abb. 132 in den Windstrom gestellt. Das Modell stellt sich in die richtige Fluglage ein. Geben wir den Flügeln *V*-Stellung und neigen einen Flügel mit der Hand, so richtet sich der Flügel nach einer kleinen Seitenbewegung zu unserer Hand hin wieder auf. Ohne *V*-Stellung ist die Stabilität bedeutend geringer. (Für diesen Versuch ist der größere Windkanal zu verwenden.)

## 3. Versuche mit Flugzeugmodellen.

### a) Versuche mit einem Modell ohne Schraube.

Kleine in den Windstrom aufgehängte Flugzeugmodelle sind bereits sehr geeignet, viele Bewegungsformen des Flugzeuges zu zeigen. Insbesondere können die Steuerbewegungen des Flugzeuges sehr gut beobachtet werden. Abb. 133—137 zeigt eine Anordnung[1], die gestattet, dem Flugzeug im Luftstrom Drehmöglichkeit um alle drei Raumachsen zu ge-

---

Man vergißt hierbei das Moment der Seitenkraft. Ohne Seitenbewegung sind die Momente um den Punkt $S$ selbstverständlich gleich Null.

[1] Dieses vom Verfasser entworfene Modell ist bereits vor einem Jahre in der Werbeschrift einer Lehrmittelfirma ohne Angabe von Herkunft und Namen be-

ben. Alle Steuerteile sind verstellbar und bleiben in jeder Stellung stehen (Reibungsgelenke). Einige Versuche seien angeführt.

1. Man nimmt das Leitwerk, das abnehmbar ist, weg und sorgt in der Stellung der Abb. 133 für Gewichtsausgleich (durch Umstecken des Haltebügels). (Damit der Schwerpunkt wieder die richtige Lage hat, wird vorne an der Rumpfspitze ein Bleigewicht weggenommen.) Im Luftstrom stellt sich das Modell sofort quer, ein Zeichen der Instabilität ohne Leitwerk. Steckt man das Leitwerk wieder auf, so stellt sich das Modell sofort stabil ein (Abb. 136). Bringt man durch einen Stoß das Modell aus der Gleichgewichtslage, so stellt sich nach kurzen Schwingungen sofort die Gleichgewichtslage ein.

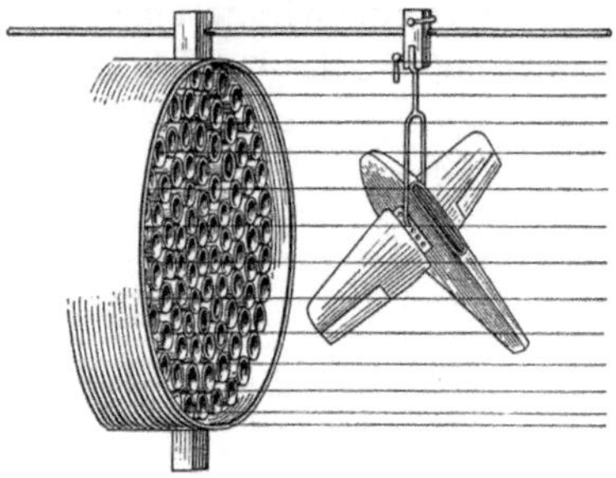

Abb. 133. Flugzeugmodell ohne Leitwerk, um die Flügelachse freibeweglich gelagert, ist instabil und stellt sich quer zur Strömung.

2. In Abb. 135 kann sich das Modell um die sog. Hochachse drehen. Ein Ausschlag des Seitensteuers bewirkt ein Ausweichen um diese Achse.

3. Bei der Aufhängung nach Abb. 134 verstellt man das Höhensteuer und beobachtet ein Heben bzw. Senken des Schwanzendes. (Höhen- und Tiefensteuer.)

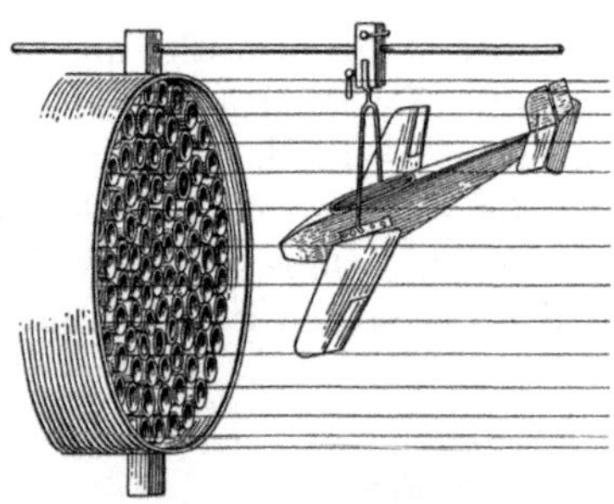

Abb. 134. Flugzeugmodell, um Flügelachse im Luftstrom freibeweglich gelagert, verstellt sich beim Ausschlag des Höhensteuers.

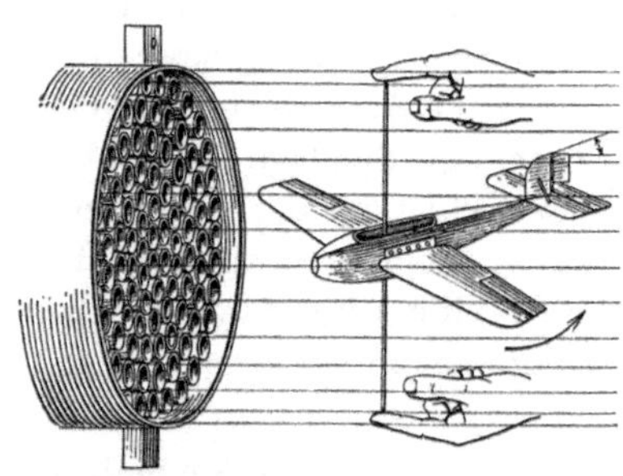

Abb. 135. Flugzeugmodell, freibeweglich um die Hochachse gelagert, weicht zur Seite aus bei Verstellung des Seitensteuers.

4. Bei der Anordnung nach Abb. 136 wird das vordere Bleigewicht abgenommen, so daß die Drehachse mehr zur Flügelhinterkante zu eingesteckt werden muß. Das Modell ist instabil.

5. Hält man das Modell nach Abb. 135 so in den senkrechten Luftstrom, daß die Hochachse in Richtung des Windstroms steht, so kann

schrieben worden. Ohne die Bedeutung dieser Darstellung besonders betonen zu wollen, verlangt lediglich der Zusammenhang dieses Lehrbuches mit Rücksicht auf die genetische Entwicklung dieser Kette von Neuversuchen die Darstellung auch an dieser Stelle.

das Modell nach Anwurf auch zur Autorotation gebracht werden (flaches Trudeln). Durch einseitigen Querruderausschlag wird die Tendenz hierzu vergrößert.

6. Das Modell wird nach Abb. 137 um die Längsachse drehbar gelagert. Werden die Querruder gegenseitig verstellt, so rotiert das Modell wie ein Windflügel.

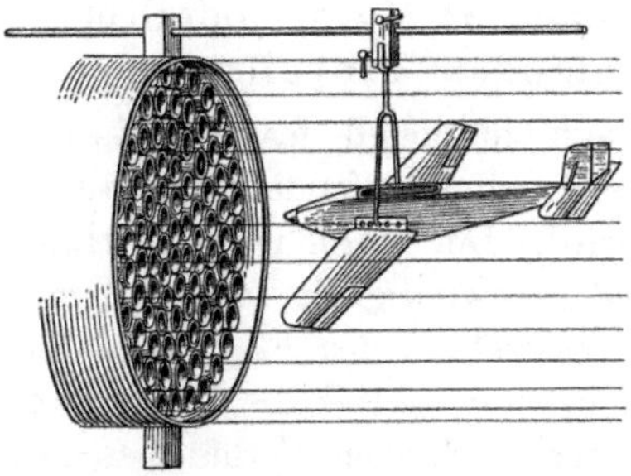

Abb. 136. Flugzeugmodell in der Flügelachse im Luftstrom freibeweglich gelagert, stellt sich stabil in die Normallage ein.

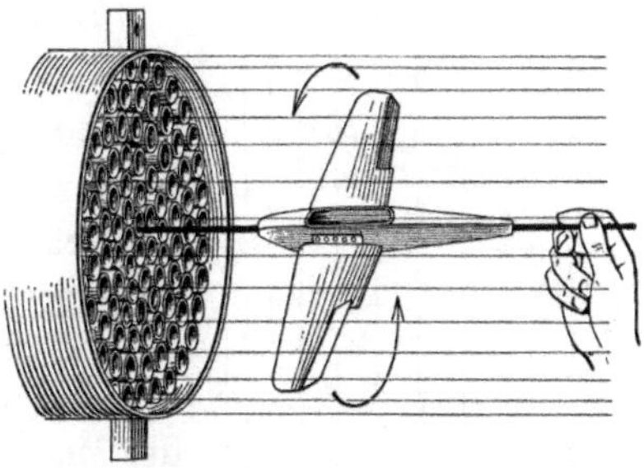

Abb. 137. Flugzeugmodell um Längsachse im Luftstrom freibeweglich gelagert, dreht sich bei entgegengesetzten Querruderausschlag.

Bei allen Stellungen des Modells kann die stabile Lage dadurch nachgewiesen werden, daß durch einen Stoß eine künstliche Störung hervorgerufen wird. Nach kurzen Pendelungen stellt sich das Modell dann wieder in die Gleichgewichtslage.

Um das Umstecken der Achsen und Hilfsstellungen der Hand zu vermeiden, wird bei einer neueren Anordnung (Abb. 138) das Modell etwas über den Schwerpunkt durch eine kugelige Lagerung in jeder Richtung einstellbar gehalten und für die eben beschriebenen Schauversuche nach Abb. 138 am Windkanal befestigt. Alle vorher angedeuteten Versuche sind jetzt ohne Umstecken ausführbar.

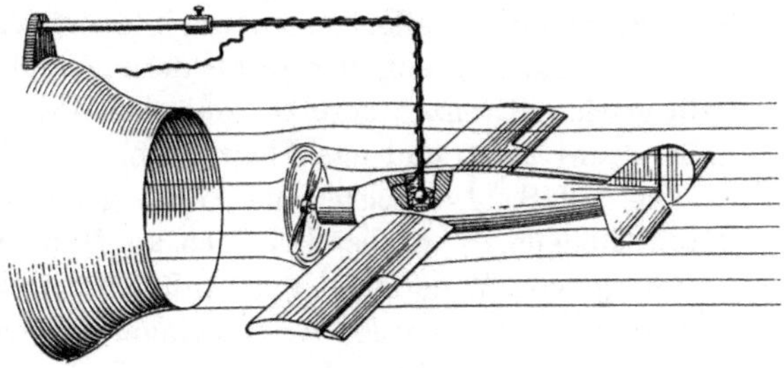

Abb. 138. Flugzeugmodell in Kugellagerung freibeweglich gelagert.

Will man das Modell nicht gleichzeitig für Messungen benutzen, so genügt für diese Versuche auch ein Modell nach Abb. 132, das durch dünne Messingrohre, Korken und Bleche ohne Mühe leicht hergestellt werden kann.

Im senkrechten Luftstrom ist an der Schwebestange ein weiterer Versuch möglich. Ein an der Stange mittels Hülse gleitender Galgen enthält auf einer Seite ein Ausgleichgewicht und auf der anderen Seite ein kleines aus Blech geformtes Flugzeug, dem man in einer kugeligen Lagerung jede Stellung geben kann. Stellen wir die Lage her, die z. B. beim Trudeln vorhanden ist, so dreht sich das Ganze um die Stange. Gleichzeitig klettert das Modell hoch (Abb. 139).

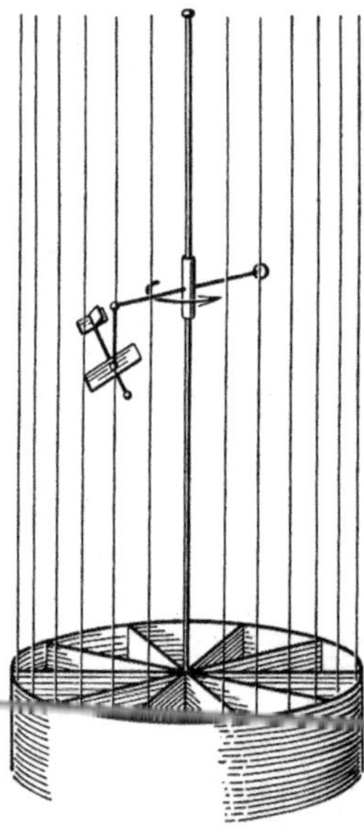

Abb. 139. Trudelndes Flugzeug. An Schwebestange geführt.

### b) Versuche mit Motormodell bei laufendem Propeller.

Abb. 140 zeigt ein Modell, dessen Luftschraube durch einen schnellaufenden Spezialmotor angetrieben wird. Der Motor ist so stark, daß bei einer Windgeschwindigkeit von ca. 12 m/sec der gesamte Widerstand des Flugzeuges überwunden werden kann, so daß die Betriebsweise des Modells den tatsächlichen Verhältnissen entspricht. Das Modell ist wieder kugelig im Schwerpunkt gelagert. Alle Versuche, die vorhin beim Segelflugmodell beschrieben wurden, können auch hier ausgeführt werden. Vor allem interessiert hier der Einfluß des Propellerstrahles auf die Steuerwirkung. Da Höhen- und Seitensteuer in dem stark beschleunigten Propellerstrahl liegen, ist mit einer größeren Wirksamkeit nunmehr zu rechnen. Man beobachtet, daß die Ausschläge nunmehr viel schneller vor sich gehen und wird verstehen, daß bei einem Motorflugzeug im allgemeinen die Steuerflächen kleiner sein können wie beim Segelflugzeug (der Verkleinerung sind beim Motorflugzeug deshalb gewisse Grenzen gesetzt, weil bei abgestelltem Motor der Propellerstrahl fehlt und das Flugzeug noch lenkbar sein muß).

Die auf S. 14 beschriebene Waage gestattet auch die Ausmessung dieser Modelle. Zunächst läßt sich an Hand von Schauversuchen die Änderung von Widerstand und Auftrieb zeigen. Durch Verstellen des Höhensteuers kann jeder Anstellwinkel erreicht werden. An der Auftriebswaage beobachtet man ein Zunehmen des Auftriebs mit größer werdendem Anstellwinkel. Eine einseitig ausgeführte Verstellung der Querruder verändert ebenfalls den Auftrieb in dieser oder jener Richtung. Überhaupt können alle vorhin beschriebenen Schauversuche ausgeführt werden und gleichzeitig die Änderung der Kräfte an der Waage gut beobachtet werden. Durch Änderung der Drehzahl des Motors (Regulierwiderstand) kann auch beobachtet werden, wie das Flugzeug sich verhält, wenn man „Gas“ gibt oder wegnimmt!

Wir bringen nunmehr alle Steuerorgane in die Normallage und klemmen die kugelige Lagerung fest, so daß das Modell starr an der Waage hängt. Die Ausmessung erfolgt jetzt genau so wie beim Tragflügel (S. 72), d.h. der Anstellwinkel wird verstellt und bei jeder Einstellung Auftrieb und Widerstand gemessen.

Bei der Aufnahme der Polare muß auf folgendes geachtet werden. Beim Horizontalflug hat die Luftschraube die Aufgabe, den gesamten Widerstand des Flugzeuges aufzunehmen, so daß die Gleichung besteht: Gesamtwiderstand gleich Propellerschub. Dieser Zustand kann bei unserer Anordnung dadurch hergestellt werden, daß man

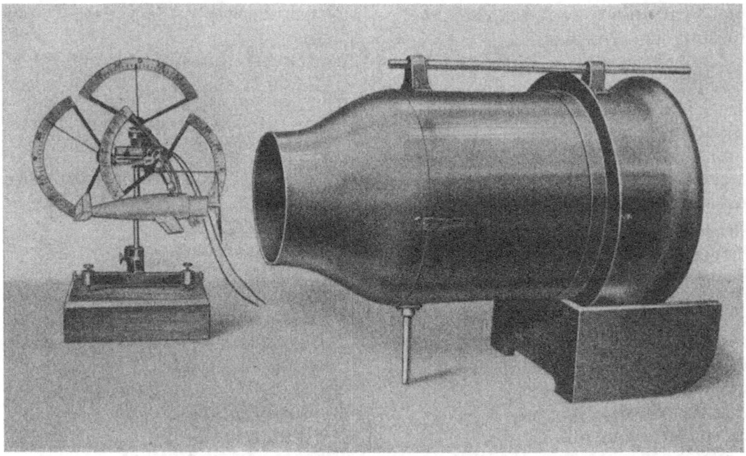

Abb. 140. Flugzeugmodell mit rotierendem Propeller von schnellaufendem Spezialmotor angetrieben, an Dreikomponentewaagen vor großem Windkanal.

entweder die Propellerdrehzahl oder die Anblasegeschwindigkeit so reguliert, daß die Widerstandswaage gerade Null anzeigt. Wenn die Widerstandswaage anzeigt, so haben wir den Fall des gedrosselten Motors. (Das Flugzeug sinkt.) Der entgegengesetzte Ausschlag der Widerstandswaage deutet an, daß der Propellerschub größer wie der Widerstand ist. Die Maschine beschleunigt sich, hierdurch vergrößert sich der Auftrieb und die Maschine steigt.

Nach der vorhin angedeuteten Einstellung stellen wir wieder das Kugelgelenk fest. Die Ausmessung der Polare erfolgt genau so wie beim Tragflügel.

Für diese Versuche eignet sich der größere Windkanal mit 300 mm Strahldurchmesser am besten. Der mittlere Kanal kann bei abgenommener Düse wohl für alle Schauversuche verwendet werden, jedoch nicht für solche Meßversuche.

# Namen- und Sachverzeichnis.

Die Ziffern bedeuten die Seitenzahlen.

**Batch number: 10682323**

Printed by Printforce, the Netherlands